KB074532

지구야_ 너를 만나_ 행복해

지구야_ 너를 만나_ 행복해

글 · 사진 | 올라혜진

도서출판 윤미디어
YUN MEDIA PUBLISHING CO.

나는 이제 '백수'라 쓰고, '여행자'로 부른다. 여행에 덧붙일 말이 있다면 '무계획' 여행자다. 퇴사했다. 나는 이제 회사의 일들이 아닌 내 몸만 잘 책임지면 된다. 회사는 그동안 내 생계를 책임져주며 나를 성장시켜줬던 곳이다. 이직 기간에 못 해본 것 중 가장 후회하는 게 무엇인가 곰곰이 생각해봤다.

여행이었다. 나는 휴가가 생기면 월급을 몰빵해서 멀리 떠나는 여행덕후였다. 하지만 세계는 넓고 커서 내가 모르는 곳이 너무 많다는 생각이 들었다. 어디를 먼저 가야 할까? 생각하는데 계획대로 움직이면 내 몸과 마음이 너무 피곤할 것 같다는 생각이 들었다.

prologue

항공권 가격을 깎은 네고왕

여행을 하면서 가장 많이 늘어난 실력은 비행기표 싸게 찾기! 각 나라별로 가장 저렴한 곳을 검색했다. 그러다 발견한 나라는 10만원 편도로 갈 수 있는 '캄보디아'였다.

'캄보디아행 항공권은 비싸다고 들었는데 이건 어디 항공사지?'

처음 들어보는 항공사의 이름이었다. 한글로 검색하자 정보가 1도 나오지 않았고, 공식 홈페이지도 매우 허술해 보였다. 알고 보니 캄보디아 국적기로 한국에서 몇 달 동안 운영 예정이었다. 심지어 첫 취항하는 항공기라서 사람들이 잘 알지 못해서 정보가 없는 항공사였다. 영어로 된 후기들도 많이 찾아봤는데 결국 내가 찾은 해답은 사용해본 사람이 별로 없는 항공사라는 것이다. 당장 다음주에 출발하고 싶은데, 목요일을 제외하고 항공권의 가격은 모두 10만원.

'이거 사기 아닌가? 안전한 비행기인가?'

의심이 들었지만 저렴한 항공권 가격에 포기할 수 없었다. 나는 항공사가 존재하는지 확인하고 싶은 마음에 혹시나 하고 전화를 걸었다.

"안녕하세요. 혹시 ○○○ 항공사인가요? 정보가 없고, 가격에 대해 문의 하고 싶어서 연락 드렸어요.

"다음주로 출발하는 씨엠립행 비행기표가 목요일만 비싼데 이유가 있나요?"

"혹시, 가격 때문에 그런가요? 그럼 다른 날과 동일한 가격으로 드릴게요."

버스 티켓도 이렇게 구매 못할 텐데, 비행기 항공권을 깎아주겠다니 신기하면서 무서워졌다. 직원이 계좌번호를 알려주자마자 나는 통화가 끝난 후 바로 입금했다. 순식간에 일어난 일이었다.

'음, 나는 이렇게 여행을 시작하는구나?'

유적지에 관심이 별로 없는 나인데 그래도 티켓이 저렴하니까, 첫 여행지는 캄보디아로 정해졌다.

Contents

Contents

001

동남아 · 호주

Cambodia

씨엠립 공항 도착

처음 발을 내디딘 캄보디아. 내가 왔다! 두려우면서도 너무 신이난다. 부모님에게 딸이 잘 도착했음을 알리기 위해 바로 전화를 걸었다. 여행 첫날인데 엄마 목소리를 들으니까 심장이 너무 떨린다. '보고 싶어서.' 나는 아직도 부모님의 큰아기인 것 같다. 입국심사를 통과하고 비자에 도장 받고, 한국 날씨에 맞춰 입고 온 기모 후드티를 바로 갈아입었다.

택시를 타고 미리 찾아 둔 1박에 $3(한화 약 3300원) 호스텔로 향했다. 가는 길에서는 소들이 도로를 그냥 건너는 것을 보게 되었다. 마치 아일랜드 시골 마을에서 자전거 여행할 때 양 여러 마리가 몰려와 도로를 건너던 것을 볼때와 비슷한 기분이 들었다.

'와. 여기서는 너희가 왕이구나.'

더운 날씨에 동네가 말라버린 것 같이 황량해 보였다. 그런데 골목 사이로 들어가자 큰 노래 소리와 함께 수영장과 바가 있는 호스텔이 보였다. 바로 내가 지낼 숙소였다. 얼마 걷지 않았는데도 불구하고 땀을 뻘뻘 흘리며 체크인 하는 곳으로 향했다. 동시에 옆에서 한 영국 친구도 체크인을 하고 있었다. 우리는 서로 눈이 마주치자 인사를 건넸다.

"안녕? 나는 케이티야"

"나는 혜진! 만나서 반가워"

우리는 같은 방으로 배정받게 되었다. 케이티는 오랜 기간동안 혼자서 동남아와 호주를 여행하고 있는 20대 초반의 영국 친구이다. 혼자 여행을 하다 보니 새로운 친구를 사귀는데 있어서 꽤나 익숙해 보였다. 수영장에서 맥주를 마시기로 한 우리는 수영복으로 갈아 입고 곧장 물 속에 뛰어들었다.

"오늘은 풀 파티 하는 날! 맥주 한 잔에 $1(한화 약 1100원), 해피아워에는 $0.5(한화 약 550원)"

호스텔의 직원이 크게 소리쳤다. 항상 화려한 삶을 살지는 못하겠지만 때론 화려한 곳에서 화려했던 청춘을 추억할 수 있겠지. 그러니까 열심히 놀아야겠다. 만난 지 10분도 안 된 케이티와 급 절친이 되어 호스텔을 뒤흔들기 시작했다. 마치 우리 세계인 것처럼 신났다. 기분이 매우 좋은 첫 시작이다.

'계획 없는 내 여행의 길 위에서 얼마나 많은 사람들을 만날까?'

앙코르와트 투어 (투어사마다 정보는 상이할 수 있다)

투어의 종류는 여러가지가 있는데 보통 1day, 일출 투어(8시간 소요)를 신청한다.

투어에는 조식 커피, 물, 영어가이드가 포함되어 있지만 입장료는 추가로 준비해야 한다.

이외에 툭툭이나 택시투어, 자전거 투어 등 자유여행을 할 수 있는

방법도 다양해서 본인이 원하는 여행스타일로 선택하면 된다.

바이욘 사원에는 여러 개의 거대한 석상들이 미소를 짓고 있다.
이 석상들이 더 신비롭게 느껴졌던 이유는 각도와 빛에 따라 달라보이는 모습 때문이다.

슬리핑 버스 타고 국경 넘기

세계여행을 시작하며 꼭 해보고 싶은 로망이 하나 있다. 동남아에서 버스를 타고 국경을 넘어보는 것이다. 캄보디아 씨엠립에서 태국 방콕행이 있다는 정보를 알고나서 꼭 이 루트로 가고 싶다는 생각을 했다. 그런데 캄보디아 치안이 안좋다는 소리를 듣고 혼자 슬리핑 버스를 타는게 무서워졌다. 호스텔에서 친해진 뉴질랜드 친구 코리도 방콕에 비행기를 타고 갈 것이라고 했다.

"코리, 나는 육지로 국경을 넘는 로망이 있어. 그런데 혼자 버스를 타고 가기에는 무서운데 같이 가자!"

나의 로망을 설명하며 함께 버스를 타고 가자고 했다. 친구는 약간 취해 있는 것 같았지만 손가락까지 걸고 약속을 했다. 우리는 둘다 무계획 여행자다. 다음 날이 되면 일어나서 수영을 하고 맥주를 마셨다.

며칠이 좀 지나고 떠나자는 말이 나오기 시작했다.

"방콕으로 언제 갈래?"

"당장 내일 떠나자!"

우리는 즉흥적으로 다음 날 아침 방콕행 슬리핑 버스를 알아보기 시작했다. 세상에 태어나 처음 타보는 슬리핑 버스는 의자를 침대처럼 끝까지 눕힐 수 있는 장점이 있다. 우리는 버스 2층 맨 앞자리에 앉았다. 큰 창문들이 앞 옆으로 우리를 감싸고 있어 위험해 보였다. 버스를 타니 에어컨 때문인지 블랭킷을 나눠줬지만 밤새 너무 추웠다. 나는 그 동안 너무 피곤했는지 12시간 이동하는 버스 안에서 2번 깼다.

새벽 5시쯤 버스에서 다 내리라고 했다. 버스는 도로로 우리는 입국심사를 하는 곳을 지나쳐야 한다. 잠이 덜 깨서 멍하게 있다가 같은 버스를 탄 사람들을 따라 걸었다. 캄보디아에 오기 전 동남아는 다 비슷할 것이라고 생각했었다.

하지만 이곳은 또 태국과 다른 느낌이었다. 사실 태국보다 많이 발전되지 않은 오지 같았다. 화려한 곳에는 모두 외국인으로 가득했고 많은 어린 아이들이 구걸하러 다니는 것이 때론 슬프게 느껴졌다. 이곳을 통과하면 나의 여행 첫번째 로망이 실현된다. 나는 혼자 여행을 떠나왔지만 혼자가 아니다.

한참을 기다려도 버스가 도착하지 않아 우리는 이곳에서 아침 먹을 곳을 찾았다. 이른 아침이라 서양 사람들은 모두 빵과 커피를 사 마시는데, 나는 에너지가 필요하다며 새벽부터 고수를 팍팍 넣은 따뜻한 쌀국수를 구매했다. 쌀국수를 들고 배낭 있는 곳으로 가서 배낭을 의자 삼아 앉아서 맛있게 먹었다.

새벽에 국경 앞길에 배낭을 깔고 앉아 쌀국수를 먹는 나의 모습을 부모님이 보시면 정말 놀랄 거다. 이렇게 나는 조금씩 이런 생활에 익숙해지기 시작했다. 다시 버스를 타고 또다시 잠이 들었다. 캄보디아에 있다가 방콕에 도착하니까 방콕은 정말 발전한 도시 같다. 이제 태국을 모험할 차례다.

3년 전 친구들과 방문했지만, 배낭여행은 처음이다. 기대된다.

Thailand

젊음의 거리 카오산로드에 도착했다.

파티, 파티, 파티하고 들떠 있었는데 태국에 도착하자 마자 뭔가 이상한 느낌이 들었다. 알고 보니 10월은 태국 국왕 서거 애도기간으로 방콕 시내는 애도 분위 기다. 많은 태국 사람들이 희고 검은색 옷을 입었다. 무계획 여행의 단점이다. 앞으로 다음 여행 도시가 정해지면 나라 분위기 등을 알아봐야겠다는 생각이 들었다.

'로마에 왔으면 로마의 법을 따르라' 태국에 왔으니 나도 이들의 문화를 존중하 겠다며 검정과 흰색 옷을 입고 호스텔을 나왔다. 내 사랑 태국인데 막상 조용한 분위기의 카오산로드에 도착하니 어디로 무엇을 먹으러 가야 할지 너무 고민 되었다. 거리를 헤매다가 너무 비싸지도, 싸 보이지도 않는 식당을 찾아 들어가 팟타이와 레오 맥주 한 병을 주문했다. 팟타이는 한국에 비해 너무 저렴한데 여 기는 맥주가 음식보다 비싸다. 더운 날씨에 많이 걷고, 맥주를 마셔서인지 몸이 나른해졌다. 태국을 다시 방문한 이유는 카오산로드에서 나만의 일탈 계획인 헤나와 레게머리를 하기 위해서이다. 식사를 마치고 헤나 하는 곳을 찾아 헤맸 다. 그런데 갑자기 폭우가 쏟아졌다. 얼마나 많은 비가 쏟아졌는지 도로가 물에 잠겼다.

'태국 첫날인데 폭우라니!' 날씨가 너무 미워졌다.

우선 안으로 들어가야 할 것 같아서 한국어로 '헤나'라고 크게 적혀져 있는 곳 으로 들어갔다. 헤나 그려주는 분이 주인인 것 같았는데 그림을 너무 못그려서 여러번 지웠다가 다시 그렸다. 나는 새, 우주와 별모양을 몸에 새겼다. 레게머리 의 경우 여러 가지 색의 실들이 있는데 그 중에서 좋아하는 색을 고르면 실제 내

머리와 함께 땋아준다. 머리는 생각보다 너무 빨리 땋아주었다. 이번 여행은 손이 자유로울 수 있도록 큰 배낭을 메고 혼자 떠나왔다. 아무 것에도 제한받지 않는다고 생각하니 많은 것이 색다르게 보였다. 그리고 너무 심심하다. 하지만 혼자이다 보니 많은 것들을 깊게 보고, 더 귀 기울이게 된다.

카오산로드는 너무 예쁜 색을 갖고 있다. 그림을 그리고 싶게 하는 색감이다. 이것이 내가 태국을 사랑하게 된 가장 큰 이유다. 이번에 여행을 하면서 그림도 많이 그리고, 글도 많이 써야지 하는 생각에 노트를 사러 또 한참을 걸었다. 시간이 지나고 나니 헤나는 좀 더 진해졌다.

이번 여행도 첫 헤나처럼 내 인생에서 진한 추억들이 많이 생겼으면 좋겠다.

나 홀로 여행이든, 친구, 연인, 가족과의 여행이든 모든 여행은 마음가짐에 따라 달라지는 것 같다. 새로운 것에 대한 두려움을 버리고 즐길 준비만 되어있다면 더 많은 즐거운 날들이 또 다른 날의 '나'를 기다리고 있겠지.

방콕 → 치앙마이 기차

방콕에서 치앙마이를 가려면 버스, 기차 등의 방법이 있는데 꼭 슬리핑 기차를 타고 싶었다.

기차역에 도착했을 때 마지막 기차표가 매진된 상태였다.

혹시나 해서 기차 출발 5분 전에 창구에 다시 갔더니 운좋게 취소된 표가 있어서 슬리핑 기차를 타게 되었다.

밤새 덜컹거림에 불편했지만 잠이 깨서 창문으로 내다보는 태국의 모습은 꽤나 멋졌다.

코끼리야 미안해

한국에서는 치앙마이 한달살기가 유행할 정도로 가성비 갑으로 뜨고 있는 여행지 '치앙마이'.

이곳을 방문하게 된 이유는 9년 지기 호주 친구 벤이 살고 있고, '코끼리 봉사활동 프로그램'에 참여하기 위해서이다. 태국에는 코끼리 투어의 인기가 급증하자 동물들에게 마약까지 먹여가며 관광산업을 유지하고 있다는 기사를 본적이 있다. 여행을 하는 도중 한 친구도 투어 관련 다큐멘터리를 보여줬는데 호랑이와 코끼리 등 많은 동물들이 마약과 폭력에 많이 노출 되어 있었다. 이러한 관광산업을 부추기는 것은 당연히 우리와 같은 여행자들일 것이다. 물론 나 또한 3년 전 태국 패키지여행으로 왔을 때 코끼리를 타며 신나 했던 기억이 선명하다. 오늘은 친구들의 추천으로 코끼리 봉사활동을 다녀오게 되었다. 아이러니하게도 코끼리 봉사활동 프로그램 또한 여행사와 연계 되어있어 투어에 속한다. 투어가 아닌 코끼리 보호 농장을 직접 찾아보려고 했는데 쉽지 않아서 여러 곳을 비교해가며 농장을 선택했다. 내가 다녀온 코끼리 보호 농장은 우리가 도착하자마자 코끼리 농장 설립 계기 등의 설명을 하고 갈아입을 옷을 나눠 주었다.

장난을 좋아하는 아기 코끼리가 있는데 아직 어려서 천방지축이라 이 친구를 제일 조심해야 한다고 했다. 코끼리들에게 바나나를 나눠주는데 아기 코끼리가 너무 좋아해서 나 또한 행복해졌다. 이후 코끼리 친구들의 이름과 성격 등을 소개해준다. 그후에는 바나나를 들고 우리 안으로 들어간다. 욕심이 얼마나 많았는지 바나나를 옷 주머니에까지 최대한 많이 챙겨 넣었다. 이곳에 있는 코끼리들은 주로 서커스 출신과 막노동하던 코끼리이다. 최고령 코끼리는 52살로 나보다도 훨씬 많은 나이다. 그중 나도 모르게 교감 되는 코끼리가 한 마리 있었

다. 이름은 '하이디'. 하이디는 내가 잘 챙겨주고 안아줬더니 그 큰 몸을 끌고 나를 졸졸 따라다닌다. 공터에 코끼리들을 풀어주고 자유롭게 뛰어 노는 것을 지켜봤다. 드디어 코끼리와의 목욕시간. 코끼리들을 따라 개울에 들어간 우리는 거친 피부에 머드를 묻혀주면서 목욕을 도와주었다. 내가 머드를 조금씩 묻혀주자 코끼리는 기분이 좋은지 눈을 감고 즐기는 모습이다. 코끼리 목욕 시간을 함께하기 위해서는 수영복을 챙겨가야 한다. 목욕시간이 끝나고는 프로그램 참여자들에게 식사가 제공된다. 점심은 직접 태국 요리를 하는데 참여할 수 있다. 밥을 먹고 사람들을 위한 수영장 안에서 함께 프로그램을 참여한 친구들과 수영을 하며 시간을 보냈다.

여러 마리의 코끼리들 중 유난히 나를 졸졸 따라다녀 잘 챙겨주던 '하이디'.
떠날 시간이 되자 코끼리는 '이별'을 아는 듯 긴 코로 나를 감싸 안아준다.

다양한 국적의 많은 배낭여행자들이 모두 입 모아 추천하며 칭찬한 태국의 작은 동네 '빠이'. 가는 길은 구불구불 험한 길로 워낙 유명하고, 버스가 들어가지 못해서 미니밴이나 스쿠터 등의 교통수단을 이용한다. 그래서인지 멀미를 하는 사람도 있다. 내가 탄 미니밴에는 앞에 있는 사람이 계속 멀미를 해서 나까지 힘들었다. 그래도 중간마다 들러서 군것질도 할 수 있도록 천천히 쉬면서 갔다.

'와, 아름답다'

빠이에 도착하자 마자 자연스럽게 뱉은 말이다. 파란 하늘과 맑은 날씨. 다시 무거운 배낭을 어깨에 짊어졌지만 가방의 무거움보다 행복함이 더 커졌다. 대부분 방갈로로 된 숙소가 있어서 더 자유로워 보였다. 그리고 굉장히 평화로운 시골마을같다. 평화롭다. 항상 북적대는 사무실에서 컴퓨터로 일만 하다 와서인지 이곳은 정말이지 너무 평화롭다.

빠이에서 가장 유명한 빠이캐년을 방문했다. 도착하자마자 내 눈에 보이는 이곳은 사방이 절벽이다. 앞, 뒤, 양옆으로 꼬불꼬불 좁은 길이다. 이곳을 지나야 더 멋진 태국 풍경을 볼 수 있을 텐데 어떻게 건너가야 하나 한참을 고민했다. 생각해보면 별거 아닌 것 같지만 여행하는 순간순간이 도전하는 느낌이다. 함께 온 캐나다 친구 로건은 나에게 조금씩 용기를 줬다.

"혜진, 아무것도 아니야. 한 발자국 한 발자국씩 내려봐"

"로건, 멈추지 마 무서워"

무서워서 친구에게 멈추지 말고 계속 가라고 반복했다. 결국 난 씩씩하게 캐년에 쭉 뻗은 길을 건넜다. 우리는 빠이캐년의 크기가 작다고 가늠하고 앞으로 쭉 쭉 걸어갔다. 길도 모르는 우리가 앞장선 터라 뒤에 있는 다른 여행자들도 우리 뒤를 따랐다. 미안하게도 우리도 모르는 길을 앞장서다보니 길을 잃었고 무작정 꼬불꼬불 길을 따라 내려 가고 올라갔다를 반복했다. 그리고 마침내 선셋을 볼 자리를 찾았다.

아름다운 빠이는 수백가지의 매력을 갖고 있었다. 특히 넓게 트인 공간에서 보는 노을은 너무 황홀하다. 매일 노을이 만들어내는 하늘색이 다르다. 한국에서도 할 수 있는 경험이지만, 단 한 번도 여유롭게 노을을 즐겼던 적이 없었던 것 같다. 아무것도 없는 허허벌판인 이곳의 평화로움이 너무 좋다. 도시의 삶에 너무 익숙한 나에게 이곳은 모든 것이 새롭고 따뜻했다. 낮에는 혼자 동네를 걷기도 하고, 친구들과 스쿠터를 타고 계곡과 캐년 등 여러 곳을 다녔다. 나에게 가장 중요했던 일정은 오후에 야시장 가는 것. 빠이의 한 골목에는 매일 저녁 야시장이 열린다. 야시장에서 저녁 끼니를 해결하다 보면 숙소에서 함께 지내는 대

부분의 친구들을 만났다. 처음에는 친구 한 명과 나왔는데 우리는 길을 걸으며 점점 큰 그룹이 되어버렸다. 그중 가장 인상 깊었던 사람은 굉장히 히피스러운 영국 아저씨. 그는 자식이 세 명인데 무계획으로 그냥 세계를 여행하고 있고 빠이가 너무 좋아 이곳에서 잠시 멈춰 지내고 있다고 했다.

나는 이제 여행을 시작하는 단계인데 다양한 사람들의 삶과 그들의 여행 방식을 듣고 있으니 나 또한 너무 재밌고 설렌다. 아무것도 하지 않는 여행을 하러 오는 곳이 빠이의 가장 큰 매력인 것 같다. 왜냐하면 마음이 너무 평화롭다. 모든 것에 있어서 치유되는 느낌이다. 그날 밤, 나는 편견 없이 세계각지에서 온 다양한 연령대의 사람들과 친구가 되어 한국어로 건배사를 가르쳐줬다.

우리를 위해 '건배', 빠이를 위해 '건배'

모두의 행복을 위해 '건배'

태국, 미얀마, 라오스 총 세 곳의 중심이 되는 트라이앵글에 방문할 수 있는 도시 '치앙라이' 태국 중심으로 서 있을 경우 중간은 태국, 왼쪽은 미얀마, 오른쪽은 라오스다. 짧은 시간에 라오스를 느끼고 싶다면 트라이앵글에서 배를 타고 다녀오는 당일투어 신청도 가능하다.

Thailand ✈ 롱테일 보드

끄라비가 마음에 들었던 점은 여러 섬을 쉽게 방문할 수 있어서다. 이 곳에는 피피섬, 홍섬, 4섬 투어 등 다양한 섬 투어가 있다. 그중 호스텔에서 진행하는 4섬 투어를 신청했다. 그런데 아침부터 폭우가 쏟아진다. 이날 따라 더 많은 사람들이 참가했다.

'우리 투어를 갈까?'

비가 와서인지 모두들 더 신이 나보인다. 어디를 가든 환호하며 설레했다. 이곳에서 우리가 꼭 지켜야할 것은 우리가 마신 맥주들은 꼭 우리가 챙겨 온 쓰레기 봉투에 담아 잘 치워야 한다. 이 외에도 호스텔에서는 사람들을 데리고 섬들의 쓰레기 청소도 하러 다닌다.

우리 숙소에서 출발한 배는 총 2척. 하나는 엄청 크고 안전한 큰 배, 또 다른 하나는 10명 남짓 탈 수 있는 낡은 롱테일 보트이다. 나는 좀 더 로컬스러운 경험을 해보겠다는 모험심이 발동해서 굳이 낡은 배를 선택했다. 우리는 작은 롱테일 보트에 옹기종기 모여 앉아 각자의 여행 이야기를 하며 투어를 즐겼다. 그러다 중간에 큰 배를 놓쳤고, 갑자기 폭우가 쏟아져 바다 한 곳에서 배가 멈췄다.

"살려주세요"

우리는 진심 반, 장난 반 삼아 외쳤다. 우리를 인솔하던 태국 가이드는 걱정하지 말라고 안심시켰다. 비를 맞으며 수영하고 바다에 있어서인지 피곤이 몰려왔다. 다행히 비가 그치고 낡은 보트에 시동이 걸렸다. 돌아온 것에 대해 감사함을 느끼는 하루이다.

학생 때 우연히 티비에서 레오나르도 디카프리오가 나오는 영화를 본 적이 있다. 학생이었던 나에게 있어서 그 영화는 정말 다른 세계 같았으며, 그 앞에 펼쳐진 에메랄드 색 바다는 신비로웠다. 해외여행을 처음 시작했던 2009년에도 그 장면이 선명했지만 영화 제목이 기억나지 않았다. 그런데 친구 추천으로 방문했던 끄라비에서 새로 사귄 친구들이 디카프리오와 영화를 얘기하는 것이었다. 정말 무섭게도 예전에 봤던 영화 속의 장면들이 내 머릿속을 스쳐 지나갔다. 영화 제목은 '더 비치'

영화 속에는 파라다이스의 모습이 등장하는데, 촬영 장소는 마야베이, 피피섬 등. 이 사실을 알게 되고 흥분을 가라앉힐 수 없었다.

✈ 코팡안 풀문파티

태국은 분명히 모든 연령층에게 사랑을 받는 여행지다. 어느 곳에서든 새로운
여행자들을 쉽게 사귀며 물놀이를 즐길 수 있고, 다양한 파티가 있기 때문이다.
그중 태국에서 제일 많은 사람들이 모인다는 '코팡안의 풀문파티'.

태국에서 한 달에 한 번씩 둥근 보름달이 뜰 때마다 열리는 축제이다. 이곳은
'동양의 이비자'라고 불리며 풀문기간에 밤이 되면 핫린비치 전체가 야외 비치
클럽으로 변한다. 풀문 파티에 참여하고 싶었지만, 막상 혼자 나가려고 하니 뻘
쭘해졌다. 그런데 바로 옆 침대에 혼자 여행하고 있는 벨기에 여자친구가 들어
왔다.

여느 때처럼 서로 인사를 하고 말을 이어 나갔다. 이 친구도 풀문파티에 나가고

싶지만 혼자라서 걱정하고 있었다고 한다. 누군가가 필요했던 우리는 이야기를 나눈지 얼마되지 않아서 바로 절친이 되어 팟타이를 먹으러 밖으로 나갔다. 나는 그동안 순간을 즐기고, 찌든 나의 삶에 휴식을 주기위해 여행을 하고 있다고 생각했다. 하지만 이번 여행 속에서 다양한 삶의 사람들을 만나며 많은 이들에게 귀 기울이는 법을 배우고 있다.

이 친구는 처음 먼 곳으로 장기 여행을 떠나왔다고 했다. 다양한 속 사정을 갖고 있기도 했고 처음 보는 나에게 스스럼없이 자신의 이야기와 고민을 털어놓아 고맙기도 하고 진심으로 응원해주고 싶었다. 우리는 풀문파티의 상징인 바켓을 하나씩 구매해 들고 형광물감으로 얼굴과 몸에 낙서를 하기 시작했다. 그리고 새로운 친구들과 어울리며 불 줄넘기를 하기도 하고 다양한 놀이를 즐겼다. 풀문파티가 열리는 날의 코팡안은 이 세상에서 제일 화려한 곳처럼 느껴진다. 많은 사람들의 화려한 파티로 섬이 잠들지 못하는데 파티가 끝나고 난 다음 날 대부분이 떠나서 섬이 텅 빈다.

다음 날 나는 8개 도미토리 룸에서 혼자 자게 되었다. 혼자 자는 것도 서러운데 태풍이 몰아친다. 나도 내일이면 이 섬을 벗어난다.

'내일 코따오 섬으로 갈까? 벨기에 친구가 있는 코사무이 섬으로 갈까?'

다음 행선지만 정하면 될 것이다.

스쿠터 도전기

이번 여행을 시작할 때 엄마가 손으로 직접 떠준 벙거지 모자와 엄마가 20대에 입었던 나시티를 챙겨왔다. 엄마의 젊었던 청춘의 향기와 함께 여행하는 기분이다. 이렇게 나는 혼자 여행하지만, 전혀 혼자가 아니라는 생각이 든다.

내가 코사무이에서 찾은 숙소는 호주 할아버지와 태국 할머니의 따뜻한 가족이 운영하는 곳이다. 이 큰 호스텔에서 지내는 사람은 나 한 명이다. 그래서인지 호스텔 가족은 나를 많이 챙겨주었다. 1층에는 식당까지 함께 운영하고 있어서 Deb과 나는 주로 이곳에서 식사를 하고 맥주를 마셨다.

우리는 코사무이 섬에서 가고 싶은 곳이 많았다. 하지만 교통이 불편했고 스쿠터로 여행하기에 좋아 보였다. 태어나서 단 한 번도 스쿠터 운전을 해보지 않은 우리 둘. 사실 나는 태국에서 스쿠터가 타고 싶어 여행 오기 전 국내 면허증을 4일 만에 따고 국제면허증까지 발급받아왔다. 하지만 겁쟁이인 탓에 빠이와 치앙마이에서 친구들이 스쿠터 타는 법을 알려줬지만 결국 혼자 타지 못했다.

"Deb, 우리 스쿠터 타볼까?"

어디서 난 용기인지 친구와 둘 다 처음이니 함께 도전하기로 했다. 호스텔 아주머니께서 더 저렴한 가격으로 스쿠터를 빌려주셨고, 연습을 도와주셨다.

국내에서 면허를 딸 때보다 훨씬 심장이 두근거렸다. 나를 휙휙 스치고 지나는 자동차들이 얄밉기도 했으며 거북이처럼 기어가지만 초 집중하는 나의 모습에 웃음이 나왔다. 몇 번이나 같은 길을 왔다 갔다 반복했다.

'준비 완료!'

친구에게 문자를 보냈다. 친구도 호스텔 근처에서 스쿠터를 빌려 우리 숙소로 왔다. 우리는 대단한 모험가라도 된 것 마냥 지도를 꺼내 가고 싶은 곳을 서로 표시했다. 스쿠터 초보자들이 거리가 꽤 먼 차웽비치까지 서로를 의지하며 다녀왔다. 무엇보다 날씨가 너무 좋아서 행복했고, 하고 싶었던 것을 꼭 해내는 내 모습이 너무 좋아서 행복했다.

어두컴컴 한 밤이 되어 돌아가려고 스쿠터를 찾는데 다 비슷하게 생긴 탓에 한참을 헤맸다. 좁은 길에 갑자기 복잡해진 교통 탓에 혼란스러웠다.

'쾅!'

친구가 엑셀을 잘 못 밟아 스쿠터가 앞으로 전진하다가 쓰러졌다. 다행히도 사람들이 와서 바로 도와줬지만 이후 겁먹은 우리는 무서움을 갖고 운전을 해야 했다. 숙소에 도착할 때까지 우리는 서로 긴장한 채 아무 말도 하지 않고 운전에만 집중했다. 가로등 조차 별로 없고 스쿠터의 몇 배나 되는 큰 트럭이 나를 지나가 무서웠지만 숙소에 도착하자마자 누가 먼저랄 것도 없이 서로를 껴안으며 칭찬했다. 꽤나 멋지게 어드벤처한 하루였다.

"수고했어. 그리고 우리 정말 용감했어"

혼자 떠나온 여행이지만 여행중 우연히 동행이 생기기도 하며 내 기분대로 여행장소와 일정이 바뀌기도 한다.

식탁 위에 개미보고 놀라던 내 모습은 더 이상 없고, 호스텔에 널부러진 옷가지들과 배낭을 더럽다고 생각하지도 않는다. 이제는 코피피섬으로 가는 페리 한 켠에 모여있는 가방들 마저 사랑스럽게 느껴진다.

Singapore

낯선 내 모습

 나는 싱가폴 여행을 한 번도 생각해 본 적이 없었다. 내가 이곳에 온 이유는 10년 전 모로코 사막 투어를 함께한 친구와 연락이 닿았기 때문이다. 동남아를 여행하고 호주로 넘어가는 길에 싱가폴에서 스톱오버를 할 수 있었다. 싱가폴은 나에게 마치 일본 느낌과 비슷했고 매우 정적이며 깨끗한 나라였다.

그 안에서 나의 까무잡잡하게 탄 피부와 히피처럼 따놓은 내 레게머리와 헤나는 싱가폴의 도시와는 어울리지 않아 보였다. 마치 흰색 도화지에 나 혼자 다른 색으로 물들여진 느낌이 들었다. 오랜만에 친구와의 저녁 외식을 위해서 한국에서 자주 입던 노란색 원피스를 꺼내 입었다. 원피스를 입고 나니 잔뜩 꾸민 듯한 모습이 익숙하면서도 낯설게 느껴졌다.

스톱오버 · 레이오버 활용하기
직항이 아닌 경유지에서 항공기를 환승하는 트랜스퍼의 경우에는
경유시간의 길이에 따라 레이오버(24시간 미만)와 스톱오버(24시간 이상)로 나뉜다.
이를 활용해서 여행지를 추가하는 것도 하나의 방법.

'앞으로 내가 만날 세상은 수 없이 많을 텐데 나는 얼마나 낯선 나의 모습과 낯선 세계를 알아갈 수 있을까?'

설렘과 두려움이 생긴다.

아시아에서는 꽤 먼 아프리카 모로코 여행 중 만났던 친구를 오랜 시간이 흐른 뒤 그녀의 나라에서 다시 만나다니 신기하다.

우리는 지난 시간이 무색하게도 시원한 맥주와 맛있는 저녁식사를 하며 그 동안의 이야기들을 풀어 나갔다. 다시 한번 많은 사람들에게 좋은 기억으로 남는 사람이 되고 싶다는 생각이 들었다.

Australia

버스비 아끼려다 위험천만

"거기, 여기서 사진 찍으면 안 돼. 따라와!"

호주 시드니 공항에 도착해서 너무 신난 나머지 사진을 찍기 시작했다. 그런데 그 순간 공항 경찰이 나에게 다가왔다. 1분 전만 해도 한껏 설레었던 호주 여행이 갑자기 두려워졌다. 경찰관을 따라가자 바로 사진을 지우게하고 가방검사를 해야 한다고 했다. 경찰을 따라간 곳에는 큰 배낭을 멘 백패커들만이 가방 검사를 하고 있었다. 이곳 저곳 여러 나라에서 온 여행자들. 동남아를 통과해서 오다 보니 마약 관련해서 더 엄격하게 심사를 하는 것 같아 보였다. 보안검사 요원이 검사를 위해 내 가방을 여는데 옷가지들과 속옷이 쏟아졌다. 부끄러움보다 창피함에 웃음이 났다. 가방 검사하는 요원도 따라 웃었다.

"고마워. 옷 정리하고 가게 해줘서. 검사하고 하나씩 나에게 줘. 가방 정리하게"

장난스럽게 말을 걸자 무뚝뚝했던 보안검사 요원 얼굴에 웃음과 함께 친절한 사람으로 변했다.

"여행 왔니?"

"응. 나는 지금 세계여행 중인데, 호주는 처음이야."

호주가 낯선 나에게 그는 호주의 명소들을 알려주기 시작했다. 세계여행을 하며 가장 큰 배움은 '친절함은 모든 사람을 춤추게 한다'이다. 집을 떠나 길 위에서 만난 무뚝뚝하거나 차가운 사람들을 보며 '왜 저 사람들은 이렇게 차가워?', '이건 인종차별이야'라는 생각을 하기보다 먼저 웃으며 다가가보자. 웃음과 친절을 싫어하는 사람은 거의 없다. 어느 나라나 세계의 사람들은 같다. 다만 개인의 성격이 다를 뿐이다.

밤늦게 도착한 호주에서 짐 검사를 하고 나니 너무 늦은 시간이 되었다. 호스텔

까지 가는 방법은 지하철과 버스가 있었다. 나는 그중 저렴하게 갈 수 있는 버스에 올랐다. 점점 시내에서 멀어지는 것 같아 GPS를 확인해보니 버스를 반대로 탄 것이었다. 재빨리 내려 반대편 버스정류장으로 달려갔다. 밤 12시가 지난 이곳은 2개의 가로등 뿐이었고 버스 시간표를 확인해보니 막차가 남아있는데 30분 넘게 버스가 오지 않았다. 인터넷이라도 되거나 근처에 문을 연 가게가 있으면 택시라도 부를텐데 두려워지기 시작했다. 결국 버스는 막차 시간을 지키지 않은 채 1시간이 넘어서야 도착했고 나는 막차에 올랐다. 다행이었다. 산넘어 산이라고 버스에서 내린 후 예약한 호스텔을 찾아가는데 골목이 꽤 어두컴컴

했다. 심지어, 새벽 1시쯤 도착한 호스텔의 문은 굳게 닫혀 있었다. 너무 당황스러웠지만 이리저리 유리 틈 사이로 사람이 있는지를 확인하고 노크를 했다. 다행히도 싱가포르, 뉴질랜드 청년이 있었다. 리셉션은 이미 문을 닫은 상태라고 했다.

'그럼 나는 어디에서 자야하지?'

좌절해 있던 순간, 뉴질랜드 친구가 위층으로 올라가더니 환한 얼굴로 내려왔다. 호스텔 스텝을 찾아서 내 사정을 이야기했다고 한다. 처음 만난 이 친구들은 나를 오랜만에 만난 옛 친구처럼 따뜻하게 반겨주고, 문제를 해결해주려고 노력했다. 시간이 좀 지나자 호스텔 직원이 내려왔다.

"새벽 1시까지 도착하지 않아서 호스텔 문 밖에 흰색 종이에 이름을 써서 붙여 놨어요."

나는 너무 정신이 없어서 호스텔 앞 유리창에 크게 붙어있는 내 이름을 보지 못 보고 들어왔던 것이다. 조금 놀라긴 했지만 내가 예약한 방에 들어가 편하게 잠을 잘 수 있었다. 처음 만난 사람들의 미소가 따뜻하다.

멜버른에서는 아일랜드 출신의 옛 친구 톰을 만나기로 했다. 이번 여행에서 나의 세계 친구들을 다시 만나고 있다. 톰은 9년 전 아일랜드에서 어학연수시절 알게 된 친구이다. 톰은 뉴질랜드로 이사 와서 살다가 최근에 멜버른으로 오게 되었다고 했다.

"혜진, 하우스파티에 갈래? 내 영국 친구네 집에 콜롬비아 하우스메이트들이 전통음식을 만들어 파티를 한데"

오랜만에 만난 톰과 함께 과거와 현재 상황에 대해 수다를 떨었다. 우리는 제법 의젓해진 것 같지만 여전히 철없는 아이들 같기도 했다. 초대된 친구의 집에 도착해 다양하게 차려진 콜롬비아 음식을 먹게 되었다. 평화로운 분위기의 호주에서 만난 콜롬비아 친구들은 그들만의 흥을 몸에 머금고 있는 느낌이다. 한껏 남미 친구들의 흥과 함께 맛있는 음식을 먹으며 음악을 즐겼다. 이후 친구들은 멜버른에 있는 남미 클럽에 가고 싶다고 했다. 나는 너무 피곤해서 숙소에 가고 싶었지만 남미풍의 클럽이 궁금해져 비싼 입장료를 내고 모두 함께 클럽으로 향했다.

'세상에!' 처음 듣는 노래 스타일이다. 그들만의 세계가 있는 것처럼 모두가 노래에 맞춰 리듬을 탔다. 결국 나와 톰은 조금 있다가 숙소로 돌아갔다. 그때만해도 호주에서 만난 콜롬비아 친구들과 인연이 깊어질 것이라고 상상도 하지 못했다. 언제, 어느 곳에서 우리가 다시 만날 수 있을지 기약이 없었다.

나는 뚱뚱한 펭귄이 꼭 보고 싶어

내가 멜버른에 온 이유. 여름 날씨에 펭귄을 만나기 위해서이다. 멜버른 세인트 킬다 부두(St. kilda Pier)에 가면 아주 작고 뚱뚱한 귀여운 펭귄이 살고 있다. 시티에서 96번 트램을 타면 약 25분 정도 소요되는 가까운 거리이다.

'펭귄이 따뜻한 나라에서 살 수 있다니, 이게 사실일까?'

톰과 나는 펭귄을 보러 무작정 세인트 킬다 부두로 가는 트램에 올랐다. 우리가 펭귄을 보기 위해 도착했을 때, 따뜻했던 날씨는 어느덧 찬 바람이 몰아쳤고 점점 추워졌다. 2시간이나 흘렀는데 펭귄들이 나타나지 않는다.

오랜 시간 기다리며 펭귄의 존재를 의심했다. 하지만 해가지고 점점 어두워지자 정말 작고 통통한 펭귄들이 한 마리씩 바위 틈 사이로 몰려오기 시작했다. 실

제로 야생에서 살아있는 펭귄을 보는 것은 처음이라 너무 신기했다. 나는 펭귄 인형을 보면 꼭 구매해서 모을 정도로 어렸을 적부터 펭귄을 좋아했다. 처음 도착한 펭귄들은 모두 바위 틈에 숨어 있었다. 시간이 좀 더 지나고 어둑해지자 많은 사람들이 그 장소를 떠났고 펭귄들은 하나 둘씩 모습을 나타내기 시작했다. 펭귄을 볼 때 플래시를 터뜨리거나 빛을 비추면 펭귄들이 놀라서 실명을 할 수 있기 때문에 플래시를 사용하면 안 된다.

우리는 펭귄들이 놀라지 않도록 최대한 거리를 유지하며 그들의 귀여운 모습을 담았다. 시간이 지나면서 펭귄들과의 거리가 점점 가까워졌다. 눈 앞에서 움직이는 펭귄들의 모습이 너무나 신기하게 느껴졌다.

"너희도 이제 우리가 익숙하지?"

친한 친구사이

호주 친구 벤과 함께

사랑하는 태국음식

$3 호스텔

비슷한 우리의 모습

내 마음 속 우주와 별

잘 수 없는 게임

익숙해진 배낭

오늘도 건배

레고마을 같은 모습

날씨 맑음

싸와디카

여유로운 멜버른

그 날의 꽃향기

친구야 잘 지내고 있어...

이동하는게 취미

때로는 파도처럼 강하게

빠이 메모리얼 브릿지

평화로운 빠이

7명의 스페인 친구들과의 미국여행

이번 미국여행은 혼자가 아니다. 나의 9년지기 스페인 친구들과 함께하기 때문이다. 총 7명의 스페인 친구들과 미국여행을 함께 하게 되었다. 그 중 3명은 처음 보는 친구들인데 영어를 하지 못한다. 이참에 스페인어나 열심히 배워야겠다고 생각했다.

나는 일본에서 미국행, 스페인 친구들은 스페인에서 미국행이다. 서로 비행시간이 다르다. 심지어 마드리드에서 떠나는 친구들 중 한 명은 다른 친구들보다 빨리 도착한다. 다행이다. 혼자 오랜 시간 기다리지 않아도 된다. 그렇게 나는 아침 일찍 미국에 도착했다. 얼굴도 모르는 스페인 친구 한 명을 기다렸다. 하필 빨리 오는 친구가 내가 모르는 친구다.

"Hola Amiga(안녕 친구!)"

키가 2m나 되어보이는 커다란 친구가 와서 스페인어로 말을 걸었다. 그는 나에게 사진을 보여주며 본인이 다니엘 친구라고 했다. 우리는 서로 언어를 이해하지 못했지만 번역기를 돌려가며 나머지 6명의 친구를 기다렸다.

몇 시간이 흐르고, 스페인 친구들이 도착했다. 1년 전에 만났었는데 다른 대륙에서 만나니 왜 이렇게 반가운지. 이제 함께 할 수 있는 친구들이 있다는 생각에 든든해졌다.

스페인 친구들은 모두 직장인이고 1년에 한 번씩 해외여행을 약 한 달씩 떠난다. 직장을 다니며 한 달간의 휴가라니 한국의 직장인으로써는 꿈과 같은 일이다. 하지만 현재 만큼은 백수인 내가 휴가를 더 길게 갖고있다. 친구들 모두 도착하니 어느덧 어두워졌다. 그래도 여행 동반자가 생기니까 좋다.

이제 나는 혼자가 아니다.

운전할 수 있는 친구들과 숙박비를 나눠쓸 수 있고 호텔생활 등 지금까지와
는 다른 종류의 여행이다. 투어그룹 같으면서 아닌듯한 많은 친구들과의 여
행 말이다.

요세미티공원 입구에서 기다리는 동안 날씨가 너무 더워서 우리는 차 문을 열어놓고 노래를 들으며 춤을 추고 놀았다. 나는 스페인 친구들 7명 중 제일 흥 많은 Marta, Susana와 함께 동영상을 찍으며 놀고 있었다.

다음 곡은 세계적으로 유명한 '마카레나'

우리끼리 춤을 추는데 주변에 있던 사람들이 하나 둘 씩 모두 모여들어 큰 댄스그룹이 만들어 졌다. 우리는 함께 마카레나 노래에 맞춰 춤을 추었다.

이후 장소를 옮겨 우리끼리 사진을 찍고 있는데 누군가가 우리를 불렀다.

"헤이, 댄서들 사진 한번 같이 찍자, 우리 아까 마카레나 함께 췄던 사람이야"

우리를 보고 환하게 웃으며 사진을 찍자고 부탁하시는 노부부의 모습을 보니 이유는 모르겠지만 내 심장이 쿵쾅거렸다.

저.. 좀 태워주면 안 되나요?

연착에 연착을 거친 비행기. 우리는 결국 밤 11시 비행기에 탑승했고 새벽 2시에 라스베가스에 도착했다. 2박은 친구들과 다른 숙소로 예약을 해서 친구들에게 먼저 가라고 했다. 그런데, 하필 혼자 있을 때 문제가 생겼다. 택시를 부르려고 하는데 앱에 오류가 생겼다. 새벽의 택시 정류장은 한산했다. 30분 정도 앱 오류를 고치기 위해 계속 시도하는데 어떤 할아버지가 오셨다. 이 분은 시간이 늦어서 택시를 어떻게 잡아야 할지 고민하고 계셨다. 그런데 우리 앞에 한 택시 드라이버가 서 있었다. 택시를 예약하고 손님이 나타나지 않는 것 같아 물었다. "저기요. 저희 좀 태워주면 안 되나요?" 내가 묻자, 옆에 할아버지도 태워 달라고 해서 청년은 결국 우리 둘을 차에 태우게 되었다.

"너는 어느 나라 사람이니?" "저는 한국에서 왔어요!"

한국에서 왔다고 하니 좋아하는 한국 노래를 들려준다며 강남스타일을 틀었다. 미국에서 늦은 새벽에 택시 혼자 타는게 무서웠는데 너무 고맙고 재밌는 대화 시간이었다. 헤어지는게 뭔가 아쉬웠다. 할아버지와 청년은 둘 다 라스베가스 출신이라고 했다. 숙소에 도착한 나는 가방을 챙겨 내리면서 이 짧은 만남에도 감사함을 느꼈다. 청년은 나의 큰 배낭을 숙소 앞까지 들어다주고 할아버지는 차에서 손을 흔드셨다. 나는 가방을 챙겨 내리면서 청년과 할아버지에게 진심을 전했다.

"당신의 인생이 행복하길 바랄게요"

장시간 여행을 하다 보니 짧은 스침의 인연들을 굉장히 많이 만나게 된다. 가끔은 스쳐 지나간 인연들의 모습들이 생생히 기억되기도 한다. '우리가 어떻게 이 커다란 지구에서 이렇게 스칠 수 있었을까?' 궁금증이 생기는 밤이다.

라스베가스는 실존하는 부루마블 같다. 도시 전체가 화려함의 끝을 달리는 호텔들로 꽉 차
있다. 예전 티브이에서 봤던 것보다 훨씬 더 화려하다. 동화책에 나오는 성을 닮은 호텔, 피
라미드 형태의 호텔 등 호텔 구경만 해도 하루가 다 지나간다.

우리는 그랜드캐년으로 가는 도중 스타벅스에서 조식을 먹고 수다를 떨다가 예정 시간보다 늦게 도착했다. 친구들은 생각보다 느긋할 때가 있다. 함께 여행을 하다보니 나또한 급한 마음이 많이 사라진 것 같다. 우리는 도착하자마자 렌터카를 주차하고 그랜드캐년 셔틀버스로 이동했다. 늦은 시간에 타서 다른 곳에서는 내리지 않고 유명한 장소만 가기로 했다.

우리는 버스에서 내려 멋진 풍경을 빠르게 보고 차갑게 식은 샌드위치를 허겁지겁 먹었다. 드디어 기다리던 선셋이 눈 앞에 펼쳐졌다. 노을은 실제의 모습이라고 믿기지 않을 만큼 너무 웅장하다. 선셋은 큰 자연을 자신의 색으로 순식간에 물들였다. 사랑하는 우리 가족과 함께 왔으면 얼마나 좋았을까 하는 생각이 들었다.

"혜진! 혜진! 일어나봐"

저녁을 먹고 페이지 숙소로 가는 길에 차에서 잠이 든 나를 친구들이 깨웠다. 하늘에 별들이 너무 아름다웠기 때문이다. '별이 쏟아지다'라는 표현이 정확한 것같다. 사하라사막에서 텐트 치고, 숙박했을 때 봤던 정도의 별이다. 정말 너무나예쁘게 반짝였는데, 그 반짝임은 평생 잊지 못할 것 같다.

여러 명의 친구와 함께 여행을 하다 보니 서로의 모습을 많이 담아준다. 우리는 숙소에 도착하면 각자의 방으로 들어가 그날의 비디오와 사진을 공유한다. 그 시간이 얼마나 즐겁고 웃긴지, 사진이 다 공유된 후 우리는 공용공간에 모여 그날의 피로를 푼다. 하지만 이 날은 너무 피곤해 모두 방으로 들어가 곯아 떨어졌다.

앤텔롭캐년 + 홀슈밴드 신나는 캐넌투어의 날

사막 가운데 있는 페이지 숙소에서 일어나 다음 여행지로 향하기 위해 다시 짐을 챙겼다. 밤에는 아무것도 보이지 않았는데 아침 일찍 보니 카우보이 컨셉으로 꾸며져 있다. 옛날 미국 서부영화에나 나올 법한 스타일의 숙소다.

미국 서부 여행에서 내가 가장 기대했던 '앤텔톱캐년'을 방문하는 날이다. 이곳은 어떤 카메라로 사진을 찍어도 예술작품이 탄생하는 곳으로 투어를 통해서만 방문할 수 있다. 우리는 도착하자마자 바로 투어를 신청했다. 투어는 각 시간과 인원이 정해져 있는데, 우리는 인원 수가 많아서 다른 팀보다 좀 더 오래 기다렸다. 동양인처럼 보이는 가이드가 우리와 함께 하게 되었다.

"한국인이세요?"

가이드가 나에게 물었다. 한국인이라고 대답하니, 가이드는 한국 혼혈이라고 자신을 소개했다. 그때부터 그는 나를 보며, 영어로 설명할 때 중간 중간 서툰 한국어를 섞어가며 말했다.

"보통 한국인 그룹이 오면 투어를 하기가 편해요. 한국 사람들은 질서를 잘 지키거든요." 나와 가이드가 한국어와 영어를 섞어 쓰며 대화하는 모습을 주변에서 신기하게 쳐다보기 시작했다. 그는 어쩌다 내가 7명의 스페인 친구들과 여행을 하고 있는지 궁금해했다. 워낙 즉흥적인 성격에 계획없이 여행하는 나도 가끔은 지금의 상황들이 꿈같이 느껴질 때가 있다. 내 10년지기 스페인 친구들과 유럽, 아시아가 아닌 아메리카라는 대륙을 떠돌고 있다니. 그리고 이곳에서 한국 혼혈 가이드를 만날 것이라고는 생각도 하지 못했다. 가이드와 수다를 떨며 꼬불꼬불한 길을 따라 걷다 보면 신비로운 세상에 도착했다.

'세상에 이런 곳이 존재하다니!'

눈에만 담기에는 너무 아쉬울 정도로 멋진 곳이 파노라마처럼 펼쳐졌다. 캐년 입구에 도착하자 모두가 숨을 죽여, 거의 동시에 카메라 셔터를 연속해서 누르기 시작했다. 하지만 이 아름다운 모습은 출구까지 이어지기 때문에 천천히 눈으로 담기에도 충분하다. 자연으로 만들어진 모래가 참 곱다. 나 같은 아마추어가 사진을 찍어도 모든 사진 한 장, 한 장 다 예술작품이 되는 곳이다. 생각했던 것보다 내부는 꽤 크고 길다. 이 모든 것이 자연적으로 만들어 졌다고 생각하니 매우 신비롭다.

캐년 트래킹 이후 유명한 바베큐 식당을 찾아 점심을 먹고, 말발굽 모양의 캐년으로 유명한 '홀스 슈 밴드'로 향했다. 날씨가 너무 더운데 모래바람까지 불어 10분 거리가 1시간처럼 느껴졌다. 차만 타고 다니는 날인 줄 알았는데, 운동화 신고 오길 잘했다는 생각이 들었다. 인터넷에서 많이 보던 곳이 내 눈앞에 나타나니 그저 신기했다.

많은 사람들이 이곳에서 찍은 인생샷을 구경한 적이 있다. 나 또한 멋진 사진을 찍으러 절벽 쪽으로 다가갔지만, 너무 무서워서 더 가까이 가지는 못했다. 이곳은 자연적으로 말굽 모양의 캐년이 만들어진 곳이다. 사실 미국 여행은 기대하지 않고, 오랜 친구들과의 여행이기 때문에 오게 되었는데 미국 서부 여행을 통해서 자연의 위대함을 몸소 체험하고 있다.

다르지만 같은

미국에서는 많은 친구들과 여행을 하다 보니 커다란 집을 통째로 렌트 했고 차를 2대 렌트 해서 넷이 나눠 탄다. 경비를 나눌 수 있어서 좋다. 친구들과 차를 렌트 해서 다니니 좋은 점은 우리가 원하는 곳에서 멈출 수 있고 많은 시간을 보낼 수 있다. 하지만 많은 친구들이 함께하다 보니 항상 모두의 의견이 같지는 않다. 그래도 다행이다. 차가 2대라 두가지 의견 정도는 수렴 할 수 있다.

미국의 지명들이 스페인어인 이유 등 스페인 친구들과 여행하니까 모르던 것들을 더 배울 수 있다. 늘 새로운 것을 알아가는 것은 흥미롭고 신난다.

어디든 잘 어울리는 곳을 찾는 것이 제일 중요한 법. 우리들은 서로 꽤 다르지만 비슷한 것 같다.

미국에서 찾은 태극기

이 곳은 우리가 접수!

화려한 라스베가스

캘리포니아 사랑해

사진 좀 찍어줘

할리우드 진출

페이스북 본사 방문기

미국 안의 다른 행성

렌트카 여행

금문교

사막에서 쉬어가기

거인으로 변신

샌드위치 타임

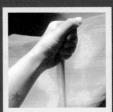

우리들의 시간

신비로운 곳

어린시절의 꿈

다른 느낌의 도시

바람과 대화하기

바다와 함께

특별한 곳에서 함께

003

중남미

'내가 멕시코시티라니!'

마피아와 마약, 납치 등의 무서운 단어들로 치장되어 있는 나라 멕시코. 내가 이 곳을 겁도 없이 올 수 있었던 이유는 바로 멕시코에서 살고 있는 희연이 덕분이 다. 희연이는 잔뜩 겁먹은 나를 데리고 유창한 스페인어로 멕시코를 탐험 할 수 있게 도왔다. 희연이는 약 7년전 베이징 경유를 통해. 프랑스를 갈 때 베이징공 항에서 우연히 만났다. 그 당시 나는 배터리가 없어 한국인으로 보이는 사람에 게 말을 걸었는데, 그게 바로 희연이였다. 우리가 만난 시간은 경유지 공항에서 약 한 시간이었지만 서로 많은 공통사를 갖고 있어서인지 빠르게 가까워졌다. 인연은 어디에서 찾아올지 모르는 것.

멕시코에 오고 싶었던 가장 큰 이유는 프리다 칼로. 내가 결국 프리다 칼로 작품 을 관람하러 왔다. 내가 그녀를 알게 된 시절, 멕시코를 여행할 것이라고는 상상 조차 하지 못했다.

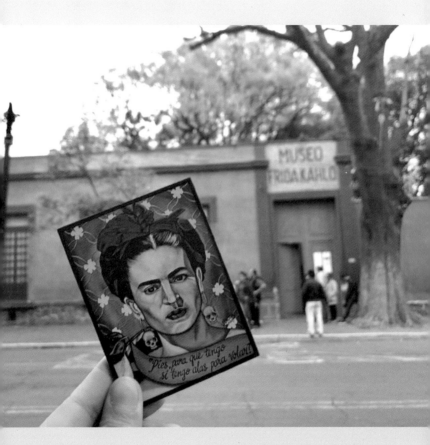

'그런 내가 이곳에 있다니. 앞으로 나의 세계여행 일정에는
얼마나 더 놀라운 일들이 벌어질까?' 궁금해진다.

Peru

Peru ✈ 페루 고산병

'이제 정말 나의 남미 여행이 시작되는구나'

멕시코시티 공항에서도 타코를 먹고 페루에 가는 비행기에 올랐다. 설레는 마음 반, 두려운 마음 반으로 심장이 두근거리기 시작했다. 내가 페루 여행을 결심하게 된 계기는 페루 북쪽에 위치한 '와라즈'라는 도시의 '69호수' 사진 한 장 때문이다. 남미는 혼자 여행하기에 위험하다는 소리를 너무 많이 들어서 인터넷에서 왠만한 위험 사건·사고는 다 찾아봤다. 그러다가 남미 여행을 하는 사람들의 커뮤니티 카톡 방을 알게 되었고 리마에서 와라즈까지 동행을 구했다.

나와 유나. 우리는 낯선 도시에서 처음 만났지만, 오랜만에 한국인을 만나서인지 동지애가 생겼다. 우리 둘의 공통점을 찾아보자면 때론 용감하지만 겁이 많다는 점이다. 우리는 위험한 상황을 피하기 위해서 낮에 12시간 버스를 타고 와라즈로 이동하기로 했다.

리마 버스정류장에서 버스를 기다릴 때부터 우리는 현지인들의 주목을 받았다. 그들은 태어나서 아시아 사람을 처음 보는 눈빛으로 우리를 신기한 듯 마냥 힐끔힐끔 쳐다봤다. 나는 이 모습이 귀엽게 느껴져서 그동안 갖고 있던 남미에 대한 편견과 두려움이 줄어 들었다. 12시간 버스를 타고 가는 동안 창밖에 펼쳐지는 풍경은 꽤 멋졌다. 내가 경험해보지 못한 느낌의 자연의 모습이었다.

모든 것이 새롭게 느껴진다. 우리는 밤늦게 도시에 도착했고, 너무 피곤한 나머지 숙소에 도착해서 바로 잠이 들었다. 다음 날 짐 정리를 하고, 밖에 나가서 잠시 걸었는데 숨이 가빠 왔다. 아주 잠깐 걸었는데도 숨이 찼다. 나는 겁에 질린 채로 호스텔 직원들에게 몸이 아프다고 설명을 했다.

"우리가 있는 이곳은 3090m에 위치한 안데스 고산도시라서 고산병일거야. 최

대한 물을 많이 마셔"

내 얼굴은 시간이 지날수록 풍선처럼 부풀기 시작했다. 터질 듯이 부풀어 오른 나의 얼굴을 보니 몸의 반응과 변화에 두려움이 생겼다.

'아! 이게 말로만 듣던 고산병이구나.' 이 또한 처음하는 경험이라 신기하게 느껴졌다. 점점 떨려오는 이 느낌은 두려움일까, 설렘일까?

나를 페루로 부른 곳 69호수

69호수 트레킹 하는 날. 산을 오르는 동안 카메라를 꺼낼 힘도 없이 두통을 참아
내며 걷기만 했다. 내 인생 첫 장거리, 고산지대 트레킹. 이곳 때문에 페루 왔는
데 고산병 따위 때문에 포기할 수 없다고 생각해 이를 악물고 산에 올랐다.

'내가 지금 여기서 뭐하고 있는 거지?'

특히 69호수를 트레킹 한 날이 그랬다. 산을 오르며 엄마가 많이 보고싶어졌다.
엄마가 등산과 암벽을 취미로 했었기 때문에 산에서 엄마가 더 대단해 보이고,
보고 싶었는지도 모른다. 호스텔 직원이 힘들 거라고 말리는데도 불구하고 올
라간 69호수. 해발 4604m까지 총 6시간 트레킹 코스이다. 솔직히 중간에 포기
하고 몇 번이나 울고 싶었다. 무엇보다 고산병 때문에 오는 두통이 나를 너무 힘
들게 했다. 산에 오르는 동안 두통약을 두 알이나 먹었다.

69호수

일반 두통약은 아무런 도움이 되지 않는다는 것을 알면서도 의지할 것이 약 밖에 없었다. 가이드는 물을 많이 마시라고 했지만, 나는 물이 무거워서 어리석게도 물을 많이 들고 가지 않았다. 결국, 그는 내가 안쓰러웠는지 자신의 물을 나눠줬다. 이번 산행을 통해 전문가의 말에 귀 기울여야 하는 법을 몸소 체험했다. 69호수에 도착하면, 에메랄드 빛의 호수와 함께 태극기를 흔들며 멋있는 인생 샷을 남길 계획이었다. 하지만 고통스러운 두통으로 인해 정상에 올라가자 마자 땅에 누워 한 숨돌리고, 사진도 몇 장 찍지 않은 채 하산했다. 그래도 정상을 밟은 나 자신이 너무 자랑스럽다.

'다들 이 맛에 산 타나요?'

　우리가 살고 있는 지구

페루 인디헤나인 께추아(Quechua) 족의 말농장에서 말을 빌려 산을 다녀오기로
했다. 가족이 운영하는 농장인데 운이 좋게도 좋은 가족을 소개받았다. 주인 딸
과 함께 말을 타고 산을 올랐다. 신기하게도 말들은 농장 주인이 사용하는
Quechua 원주민 언어를 알아들을 뿐, 스페인어를 알아듣지 못한다.

'로마에 왔으면 로마법을 따르라' 나는 말을 타기 위해서 Quechua 언어로 몇
개의 단어를 배우고 나의 말 오바마와 함께 즐거운 시간을 보낼 수 있었다.

'오바마, 무거운 나 데리고 올라오느라 수고했어'

뷰 포인트에서 고생한 아가들 쉬라고 20분 동안 언덕에 누워 자연을 즐겼다.

"한국은 어떤 곳이야?"

농장 주인의 딸이 나에게 물었다. '음, 한국을 어떤 곳으로 표현해야 할까?'
고민 후에 사진을 검색해서 보여주는데 다 높은 빌딩뿐이다. 우리는 같은
시대에 살아가고 있지만, 서로 다른 문화를 경험하며 살아가고 있음을 느끼
게 된 순간이다.

'내가 지금까지 6000m 고산지대를 모르고 살았던 것처럼, 그녀 또한 빌딩이
118층까지 있다고 하면 상상하지 못하겠지?'

그동안 고산지대가 무엇인지 모르고 살던 내가 이곳에서 사는 너희를 이해할
수 있다니 신기하면서도 뭉클하다. 그리고 이런 기회를 주신 하나님께도 너무
나도 감사하다. 세상에는 내 눈앞에 펼쳐진 우아스카란산같이 아직도 내가 모
르는 아름다움들이 많이 존재한다. 많은 외국인들이 모르는 장소라서, 나만의
비밀공간이 된 것 같아서 좋았던 날이다. 그래서 나는 계속 여행 중이지.

페루에서 연예인 체험

이번 여행에는 하고 싶은 게 굉장히 많다. 한국에 대해서도 많이 알리고 싶고 많은 사람들에게 나만의 특별한 선물을 하고 싶다. 그중 내가 한국인이라서 할 수 있는 특별한 내 선물은 한국어 캘리그래피로 사람들의 이름을 적어 선물하는 것이다. 동남아 여행 때 많은 외국인 여행자 친구들이 나에게 한글로 본인의 이름을 물어봤다. 나에게는 모국어라서 익숙하지만 그 누군가에게는 특별하게 다가갈 수 있다는 사실이 꽤나 흥미롭고 기뻤다.

'남미에서는 과연 누가 나의 첫 번째 친구가 될까?'

숨이 턱턱 막히는 고산지대 와라즈에서는 동네 산책도 버거웠다. 가까운 곳을 산책하는 것뿐인데도 숨이 차서 천천히 걷다 쉬다를 반복했다. 산책 중 우연히 발견한 성당 앞에서 사진을 찍고, 근처 벤치에 앉아 쉬어 가기로 했다. 옆에 앉아있는 가족의 아기가 귀여워 인사를 건넸다.

"올라!(안녕)"

나와 페루 소녀는 몸짓과 영어를 섞어가며 소통하기 시작했다. 나는 그들의 이름을 한글로 적어 선물했고, 페루 소녀와 페이스북 친구를 맺었다. 다음 날, 수줍음이 많던 페루 소녀는 나에게 저녁식사를 위해 집으로 초대한다는 메시지를 보냈다. 나는 낯선 사람 집이라서 경계를 갖고 있었기에 호의를 거절했다. 그러자 소녀는 호스텔로 놀러올테니 저녁식사를 함께 하자고 했다. 약속 시간에 호스텔 앞에 나가보니, 페루 소녀는 자기 몸의 상체만 한 종이 백을 안고 나를 기다리고 있었다.

"이거 선물이야"

소녀는 수줍어하며 큰 종이 백을 나에게 선물이라며 건넸다. 설렘과 의심 묘한 감정이 동시에 들었다. 그녀가 건넨 큰 종이 백 안에는 페루를 대표하는 '잉카 콜라, 페루 전통과자, 전통 식물' 등 다양한 선물이 들어있었다. 나는 고마운 마음에 저녁 식사를 대접하겠다고 했다. 페루 소녀와 함께 내 인생 첫 알파카 스테이크를 먹게 되었다. 알고 보니 이 친구는 K-Pop, K-Culture에 관심이 많은 친구였다. 아무래도 지구 반대편에서 날아온 내가 많이 신기한 모양이다. 남미에서 처음으로 갖고 있던 나의 경계가 풀린 날. 서로 다른 언어를 갖고 있어도 의사소통이 된다고 믿게 되었다.

이런 과분한 사랑 내가 받아도 되는지 잘 모르겠다. 나에게 꽤나 의미 깊었던 날. 내가 한국인이어서 더 특별하게 느껴졌던 날이다. 여행을 하며 가장 꿈만 같은 곳은 '페루'이다. 매번 사진으로만 보고 꼭 가고 싶은 곳이었는데 내가 그곳에 있기 때문이다. 장소를 이동할 때마다 눈에 낯익은 풍경과 새로운 곳을 발견하는 재미란 그동안 느껴보지 못한 새로운 감정이다.

소중하게 잘 간직해야지.

갓 블레스 유, 좋은 사람이에요

페루 남쪽으로 여행을 하기 위해서 다시 리마로 돌아왔다. 남미에 도착해서 항상 긴장하며 다닌 탓인지 아니면 다시 혼자가 된 탓인지 기분이 가라앉았다. 그러다 숙소에서 볼리비아 친구를 만나 함께 마트에 가서 물을 사고 친구를 기다리고 있었다. 그때 한 할머니가 갑자기 나한테 다가오더니 말을 걸었다.

"일본 사람이니?"

"아니요. 한국 사람이에요."

"너 참 예쁘구나! God bless you(하나님의 은총이 있길!)"

갑자기, 할머니는 너무 예쁘다고 칭찬하며 나를 꼬옥 안아 주셨다. 이건 또 무슨 상황인지 당황했지만 마음이 따뜻해진 순간이었다. 포옹은 언제나 따뜻하다. 예쁜 말과 따뜻한 포옹이 전하는 울림은 언제나 특별하게 느껴진다. 나도 사람들을 행복하게 해줄 수 있는 사람이 되고 싶다. 여행을 하며 느끼는 것은 가장 큰 '배움'이다.

페루 현지 친구들은 미라플로레스가 리마에서 가장 안전한 곳이라고 추천했다. 도시는 전체적으로 깔끔하고 바다와도 가까워서 지내는 동안 너무 즐거웠다. 리마는 큰 도시라서 신시가지에는 없는 게 없고, 바다도 가깝다. 반면 올드타운은 유럽 느낌이 물씬 난다. 세계를 떠돌다보니 다양한 국가의 많은 멋쟁이들을 만난다. 그중 미라플로레스에서 내가 만난 멋쟁이는 세명의 딸을 둔 한국 국적의 명순이모. 낮에는 이모와 함께 서핑을 했다. 우리의 서핑 강사는 루미라는 이름을 가진 친구이다. 그는 내가 하고 싶은 것을 다 하며 사는 것 같아 매우 부러웠다. 서핑 때문에 리마에서 더 지내고 싶어 고민 중 일 때, 엄마가 말했다.

"이왕 하는 거 할수 있을 때까지 하고 움직여."

"그럼 귀국은 어떡하지?"

"날짜 변경해. 별이(나의 반려견) 잘 보고 있을게."

언제나 나는 중요한 결정을 할 때 가족의 의견을 많이 물어보는 편이다. 세상에서 나를 제일 아껴주고 사랑해 주는 사람이 있다는 것은 정말 행복한 일이다. 언제나 곁에서 항상 응원해 줘서 감사하다.

리마에서의 마지막 날, 서핑강사 루미에게 오늘이 리마에서 마지막 날이라고 인사를 건네고 슈트와 서핑 장비를 정리했다. 숙소로 돌아가는 길에 루미가 나에게 헉헉거리며 달려왔다.

"혜진! 이거는 나의 선물이야. 나를 기억해 줘"

그는 서툰 영어로 본인이 차고 있던 서핑 팔찌를 풀러 내 손목에 채워 주었다. 완벽한 언어가 아니더라도 나는 그의 따뜻한 마음과 아쉬움을 느낄 수 있었다. 여행중 현지인들과 시간을 보낼 때, 느낄 수 있는 그들의 이런 순수함이 좋다. 이러한 따뜻함을 가슴속에 깊게 새긴다.

이런 순간만큼은 내가 여행자라는 사실을 잊고 그곳에 더 머물고 싶다.

귀한 인연들

리마에서 여느 아침처럼 볼리비아 친구와 여유롭게 아침식사를 즐겼다. 이날은 오전에 이카로 가는 버스를 타야 하는데, 친구와 수다를 떨다 보니 버스 시간이 촉박해서 택시를 잡았다. 그럼에도 나는 출발 시간보다 5분 늦게 도착했고, 버스는 이미 떠났다. 버스 표는 당연히 환불 불가. 아무런 선택권도 없는 나는 새로운 버스 티켓을 구매하고 버스를 기다렸다. 그런데 한 할머니께서 나를 계속 쳐다봤다.

"올라(안녕하세요)"

나는 할머니에게 먼저 다가가 웃으며 인사를 건넸고 할머니와의 대화가 시작되었다. 할머니는 페루와 일본 혼혈이었고 오랜만에 만난 동양인인 내가 신기하셨던 모양이다. 나는 할머니의 사연을 듣고 한국어로 이름을 써드렸다. 할머니의 깊게 파인 눈 주름까지 웃음이 번졌다.

리마에서 이카까지 가는 시간은 약 4시간.

버스에 올라서 혼자 조용히 가는 것이 심심해서 옆에 앉아있는 페루 청년에게 인사를 건넸다. 이 친구는 영어에 능통했고, 우리의 인연은 이렇게 시작되었다. 친구는 이카 출신으로 리마에서 의대를 다니고 있는 '루이지'라는 이름의 친구 다. '슈퍼 마리오' 가족이 탄생한 것에 대해 친구가 말해줬는데 친구의 형 이름 은 '마리오'이며, 동생이 생기자 이름을 '루이지'라 짓고 싶었다고 한다.

이카 버스정류장에 도착하자 루이지는 나에게 혼자 다니면 위험하다고 와카치 나 호스텔까지 택시로 데려다주었다.

'와카치나 사막'은 오아시스 구경 버기카 등의 액티비티를 하러 간 곳이다. 루 이지를 만난 덕에 이카 시내를 함께 돌아다니고, 페루 지진의 흔적과 역사를 좀 더 깊이 이해할 수 있게 되었다. 이상하게도 페루는 특별히 더, 소중한 인연이 많은 곳이다.

오아시스에서 만난 베네수엘라 친구들

페루에 있는 사막, 오아시스의 마을 '와카치나' 보통 이곳에서는 당일치기나 1박씩 머문다고 하는데, 나는 이 곳에서 일주일을 머물게 되었다. 사실 계획없이 여행하는 바람에 버스 티켓을 구매하러 갈 때 마다 티켓이 매진되었고, 그렇게 나의 발이 사막에 묶여서 여러 호스텔을 방황하게 되었다.

결국, 한 호스텔에 정착을 하게 되었는데 이곳에서는 네덜란드 출신의 18살 소녀 루카를 만나서 대부분의 시간을 함께 보냈다. 그녀는 나보다 이곳을 더 먼저 떠났고, 우리는 아레키파에서 다시 만나기로 약속했다. 작은 오아시스 마을에서는 친구가 떠나고 나니 더 이상 할 것이 없었다. 답답해서 로비에 앉아있는데 호스텔 직원들이 다가와서 말을 걸었고 그들의 공간에 나를 초대했다.

"혜진! 우리는 퇴근하고 호스텔 위에 있는 바에서 직원들과 한잔하는데 올래?"
나는 너무나도 자연스럽게 그들의 무리에 흡수되었다. 대부분의 친구들이 베네수엘라 친구들이었고, 현재 나라의 어려운 상황을 벗어나기 위해 자신의 나라를 떠났다고 했다. 20대 초반으로 어린 나이의 친구들은 자신의 나라를 도망치듯 벗어나서 새로운 삶을 위해 전투적으로 살고 있다. 뭔가 많은 생각을 하게 되는 그런 밤이었다. 나는 이 순간 너무나도 이기적이게 내가 가진 것들에 대해서 다시 한번 뒤돌아보고, 고마움을 느꼈다. 그중 한 친구의 말이 내 가슴을 한번 더 울렸다.
"고마워. 오늘은 우리에게 너무 특별한 날이야. 우리는 일이 끝나면 매일 친한 친구들끼리 이렇게 술을 마셔. 사막의 무료한 삶을 우리가 즐기는 방법이지. 그런데 오늘은 매우 특별한 너랑 함께 할 수 있어서 더욱더 특별한 밤이야"
우리는 그날 새벽, 발이 푹푹 빠지는 깊은 모래를 걸으며 사막 높은 곳을 향해 올라갔다. 그리고 모래를 침대 삼아 누워서, 사막 위로 펼쳐지는 넓은 하늘의 별들에 대해서 이야기를 이어나갔다. 하늘에 펼쳐진 수많은 별들은 지구의 모든 것을 보고 있을 것이라 믿었다. 그들은 나에게 너무나도 쉽게 마음을 열고 다가왔다. 나 또한 그들의 친절함에 경계심 없이 다가갈 수 있었다. 사막에서 지내는 것이 무료해졌었는데 나는 그날 이후, 리셉션에 앉아 호스텔 친구들을 도왔다. 호스텔 리셉션에서 일하는 것은 난생 처음인데 여행자들의 손목에 호스텔 팔찌를 채워주는 일은 굉장히 짜릿했다.
와카치나 사막을 떠나는 마지막 날. 가족같이 친해진 친구들의 보금자리를 떠나는 것은 굉장히 힘든 일이다. 나는 베네수엘라 친구들의 이름을 한자 한자 한글로 적어 선물했다. 그리고 친구들에게 다음을 기약하며 찐하게 포옹했다.

펠리컨 요 녀석들, 어부 생선을 훔쳐먹어?

많은 사람들이 페루에서 바예스타섬만 방문하는데 '파라카스 국립공원'을 함께 가는 코스도 추천한다. 이 코스는 세계에서 다섯개 있다는 붉은 해변도 가고, 물고기를 훔쳐먹으려는 펠리컨도 많이 볼 수 있고, 소금사막 플라밍고, 도마뱀들이 있는 곳도 방문했다. 사실 플라밍고는 너무 멀리 있어서 본 것 같지도 않지만, 미국 서부 여행이 생각나는 장소들을 방문했다. 사막은 매우 건조한 것 같지만, 푸르른 느낌이랄까? 참고로 바람이 속삭이는 소리도 들을 수 있다. 페루는 새로운 장소로 걸음을 옮길 때마다 너무 매력 있다. 구석 한편에는 펠리칸들이 몰려 있는 모습을 볼 수 있는데, 선착장에 어부들이 도착하면 물고기를 훔치려고 노리는 똑똑한 녀석들이다.

즉흥 드로잉 클래스

아레키파에서 이 곳만의 특별한 물건이 사고 싶어서 기념품이 즐비한 쇼핑거리에 갔다. 문 앞에는 아주 작은 공간에서 직접 그림을 그려 만든 수제 마그네틱을 판매하는 할아버지가 계셨다. 의자 하나에 움직이지도 못할 만한 공간에서 작업을 하고 있는 할아버지. 그는 장사만을 위해 그림을 그리는 듯했지만, 그것은 예술 작품이었다. 그는 멋진 아티스트이다.

"할아버지, 혹시 드로잉 클래스를 잠깐 해주실 수 있나요?"

몸짓과 어설픈 나의 스페인어를 알아 들으신건지 할아버지는 어떻게 그림을 그리는지 먼저 보여주시고는 나에게 붓을 넘겼다. 어설프게 웃으며 할아버지를 쳐다보자, 다시 한번 보여주고, 그림의 의미를 설명해 주셨다.

"아! 그럼 전 페루 아레키파에 있는 저의 모습을 그릴래요!"

스케치를 해서 할아버지께 넘겨드렸다. 아레키파의 큰 산을 등지고 있는 노랑머리를 한 아시아인이 태극기를 들고 있는 모습이었다. 할아버지와의 드로잉 시간을 끝내고, 종이에 한글로 가게에 대한 설명을 적었다. 그의 작업물이 가득한 마그네틱 사이에 종이를 붙였다.

"한국인 손님이 많이 방문하길 바랄게요. 당신은 정말 최고의 아티스트에요!"

아티스트라는 말에 할아버지는 멋쩍은 웃음을 지으셨다.
인정받으며 살아간다는게 자라오는 환경도 중요하다는 것을 처음 느끼게 되었다.
많은 기회가 주어지지 않더라도 그것을 극복하고 성공한 아티스트들도 많지만,
우리보다 더 적은 기회를 안고 사는 이들의 삶을 보며 때묻지 않음에
아름다움을 느끼면서, 안타까움이 느껴진다. 하지만 이런 참견 또한 과한
오지랖이라는 것을 느끼며 나는 할아버지가 더 행복하길 바라며 가던 길을 가게 되었다.

지구야 너를 만나 행복해

연초에 방문한 페루는
다양한 곳에서 축제를 볼 수 있었다.
많은 곳에서 화려한 퍼포먼스를
볼 수 있어서인지 더 환영받는
느낌이었다. 화려함 속에서
많은 사람들의 웃음을 볼 수 있었다.
이 곳에는 얼마나 많은
따뜻한 사람들이 살고 있을까?

건강한 두 다리를 이용해 돈 아끼자 – 마추픽추 편

쿠스코는 마추픽추 때문에 더 유명하기도 하지만 방문할 곳이 굉장히 많은
매력적인 도시이다. 수없이 듣고 사진으로만 보던 마추픽추에 가는 것도 이곳에서 출발!
마추픽추를 가는 방법에는 여러 가지가 있다.
우리는 여러 투어 중에 마추픽추에 가장 저렴하게 가는 법을 택했다.
일단 물 2L가 필요하다.

마추픽추까지 걸어서 갈 때는 3시간이나 걸리던 거리가 돌아오는 길은 매우 짧게 느껴졌다. 다른 사람들보다 뒤처진 것 같았지만, 마추픽추부터 쉬지 않고 최선을 다해 빠르게 걸었다. 사실 가방 무게 때문에 사진 찍을 여유도 없었다. 그 와중에 도 우리는 함께 다녀온 마추픽추와 우리 삶에 대해 이야기를 나눴다. 너무나도 예쁜 루카는 아직 어린 18살 풋풋함과 순수함이 너무나 사랑스럽고, 군대를 갓 제대하고 남미로 떠나 온 믿음직한 은효. 사람은 사랑을 낳는다는 말에 공감하는 중이다.

전 직장 상사가 "혜진이 같은 사람을 만나야 돼. 사랑을 많이 받은 사람이 사랑을 많이 주기 때문이야"라고 말을 했던 적이 있다. 이 말이 내가 들었던 최고의 칭찬이라서 아직까지도 내 가슴 속에 깊게 새겨져있다. 이후에 나는 앞으로도 긍정 에너지와 사랑을 많이 나눌 수 있는 사람이 되고 싶었다. 루카를 만나 그녀와 생활하며 같은 생각을 했다. '사랑을 나눌 줄 아는 사람'

마추픽추 1박 2일 코스로 총 12시간 미니밴 이동＋8시간 이동거리를 걷고 나니 한식이 너무 당겼다. '해외여행 가면 현지 음식 먹어야지, 한국 음식을 찾아?'라고 생각 했던 지난 날의 나를 반성했다. 한국 음식으로 쿠스코 광장에 있는 파비앙 여행사에서 소주와 라면 등을 살 수 있어서 구입했다. 당시 비빔면 1개에 8솔(약 2600원) 이었다. 물가 높기로 소문난 유럽 아일랜드보다 더 비싸다. 세상에서 쿠스코에서 먹는 비빔면이 젤 비싼 것 같다고 투덜거렸지만, 나는 이 날 신라면과 비빔면을 신나게 먹고 행복을 느꼈다. 특히 여행 중 만난 너무나 소중한 은효와 루카 친구가 있어 즐거움이 배가 되었다.

때로는 세계를 누비며 낯선 곳에서 내가 좋아하는 한국 노래를 틀었다. 익숙함이 낯선 곳으로 물드는 그 순간은 더 특별하게 느껴졌다.

작은 인공섬에 살고 있는 상업적인 인디헤나

페루와 볼리비아 경계에 있는 도시 푸노. 버스를 타고 달려 도착한 도시 푸노는 첫인상부터 무언가 어두운 느낌을 주면서 모든 시선이 우리에게 쏟아지는 것 같았다. 아레키파에서부터 자연스럽게 동행이 되어버린 네덜란드 친구 루카와 둘이 타킬레 섬(Taquile Island)과 우로스 섬(Uros Island) 투어를 가게 되었다. 우르스 섬 인디헤나의 모습은 마치 옛날 인형처럼 아름답다.

26살 그녀의 손은 매우 투박했다. 1년 중 가장 추운 달이 2월인데 왜 재킷을 안 입냐고 물어봤다. 그녀는 춥지만 관광객인 우리가 방문해서 전통의상을 입었다고 했다.

'강 중턱에 터를 잡고, 매번 섬을 고치며 사는 이 마을, 아니 인공 섬에서 사는 가족들은 고개만 돌리면 보이는 화려하고 꽉 찬 마을을 보며 어떤 생각을 할까?'

우로스 섬은 티티카카 호수의 인공섬이다.
주로 우루족 사람들이 토토로라는 갈대로 인공 섬을
만들어서 살아가고 있다.
투어를 통해 이 곳을 방문하게된다면
인형같이 아름다운 옷을 입고 있는 우루족 사람들이
자신의 터전과 문화를 설명해준다.

그림같은 코파카바나

내 여행 중 코파카바나의 100%를 차지한 곳. 라쿠폴라 숙소에서 키우는 알파카 가족, 날씬한 흑돼지 등이 숙소 바로 앞에 있기에 동물을 좋아하는 사람이라면 추천하는 곳이다. 참고로 숙소에서 문 열고 나오면 한눈에 내려다보이는 경치는 정 말 최고다. 티티카카 왜 오는 줄 알겠다.

국경을 넘기 위해 들린 아담한 동네지만 볼리비아에서 손꼽히게 아름다운 곳. 눈을 뜨면 숙소 앞 마당에 나가서 귀여운 알파카 가족들과 노느라 정신이 없었다. 아름다운 곳에서 자라는 동물들이 더욱 더 빛나 보였다.

이 곳의 동물 친구들은 나보다 더 카메라에 익숙한 것 같았다.

Bolivia

라파즈에 도착한 첫날밤은 동행한 남매가 소매치기를 당하는 바람에 경찰서에
다녀와서 정신없이 보내고 다음날 오전이 되서야 도시와 제대로 마주하게 되
었다. 침대에서 일어나 창문을 여니 마치 다른 행성에 온 기분이 들었다. 라파즈
케이블카는 세계에서 가장 길고, 높은 케이블카로 해발 4000m를 오르내리는
저지대와 고지대를 연결해 주는 라파즈의 대중교통수단이다. 케이블카에서 만
난 현지인은 "버스를 타면 45분 걸리는 거리를 케이블카로 10분이면 이동한
다"고 말했다.

라파즈 어느 곳에서든 고개를 들어 하늘을 올려다보면 케이블카를 볼 수 있다.
이곳은 마치 미래 도시를 연상케한다.

'너와 내가 사는 10년 뒤의 미래는 어떤 모습일까?'

볼리비아 라파즈 '달의 계곡'

반지를 만드는 할아버지

내가 경험한 우유니는 쌀쌀하면서도 강렬하게 내리쬐는 햇볕의 마을이다. 여행 사 밖에 없는 작은 마을 같아 보이지만, 그 안에서도 일상을 즐기는 사람들이 있고, 그 안에 멋진 할아버지가 계신다. 우유니에서의 마지막 날이었다. 생각보다 돈이 남아 쇼핑을 하기로 결심한 날! 두터운 손을 가진 프로페셔널한 할아버지 앞을 지나치게 되었다.

할아버지는 동전으로 반지를 만들어 주시는데, 기억에 남는 나에게 주는 선물이 되었다. 말도 잘 통하지 않는 손녀 같은 아이가 찾아와 계속 옆에서 쫑알쫑알 거려도 정답게 대해주시던 할아버지. 옆에 있는 강아지는 친구라고 했는데 항상 옆을 지키고 있는 모습조차 너무 아름답게 느껴졌다.

'사랑하는 사람이 옆에 있을 때의 행복만큼 달콤한 감정이 또 있을까?'
사랑하는 내 사람들이 보고 싶어지는 하루다.

우유니 소금사막 투어 선택하기

많이 헷갈리는 우유니 소금사막투어 제대로 알아보기! 투어는 아래와 같이 총 5개로 나뉜다.
*가격과 시간의 경우 투어사마다 흥정하기에 따라 다르니 참고

1. **선라이즈투어 : 소금사막에서 해뜨는 모습을 감상하는 투어**
   - 선라이즈+스타라이트 (새벽 1시~아침 8시, 130~150불)

2. **데이투어 : 소금사막을 포함해 소금 호텔, 기차 무덤, 염전 마을 고차니, 선인장 섬으로 유명한 잉카와시 섬, 식사 등이 포함되어 있다.**
   - 데이투어(10시~6시, 130~150불 점심식사 불포함)
   - 데이투어+선셋(10시~9시, 150~200불 점심식사 포함)

3. **선셋투어 : 선셋을 감상하는 투어**
   - 선셋+데이(10~9시, 150~200불 점심식사 불포함)
   - 선셋+스타라이트(오후4시~9시, 130~150불)

4. **스타라이트투어 : 밤에 떠나는 별 투어**
   - 스타라이트(밤 10시~새벽2시, 120~130불)
   - 스타라이트 + 선라이즈(새벽 3시~8시, 130~150불)
   - 스타라이트 + 선셋(오후 4시~저녁9시, 130~150불)

5. **볼리비아 우유니 → 칠레 아타카마로 이동하는 투어 : 우유니에서 칠레 아타카마 이동 시 지프차를 타고가는 투어로 1박 2일과 2박 3일 등으로 나뉘어진다.**

나를 지켜주는 존재들

볼리비아 우유니에서 칠레 아타카마 사막으로 가는 독점 버스를 타려면 새벽에 나가야 한다. 아무리 조용한 우유니지만 어두운 곳을 새벽에 혼자 걷는게 무서웠다. 그래도 이동은 해야 하니까 문을 열고 나섰다. 우유니에서 지내는 동안 바비큐를 자주 먹었는데, 항상 고기 한 덩어리를 따로 챙겼다. 유난히 큰 덩치의 유기견들이 길에 많이 있기 때문이다.

호스텔 문을 열자 그동안 나를 유난히 잘 따르던 강아지 두 마리가 밖에서 기다렸다는 듯 반겨줬다. 기분 좋게도 나에게는 개들에게 줄 소시지가 있었다. 소시지를 다 나눠주고 빈손이 되었다. 개들은 내게 소시지가 더 이상 없다는 것을 알았지만, 사람의 손길이 그리웠는지 나에게 서로 안기려고 내 품을 파고들었다. 멍멍이라고 하기에는 큰 덩치의 개 2마리는 내가 한 걸음 한 걸음 걸을 때마다 앞뒤로 나를 호위하며 버스 정류장까지 함께 갔다.

티켓팅하고 버스를 기다리는데 내 주위에서 떠나지 않고 계속 안기려고 하자, 주변에 있던 여행자들이 나와 개들을 슬슬 피했다.

너무나 사랑스러운 아이들에게 고마움의 마지막 허그를 하고 차에 올라타는데, 나를 바라보는 모습에 왠지 모를 눈물이 왈칵 쏟아졌다. 세상의 모든 것들은 사랑을 필요로 한다는 생각과 모두가 그것을 얻을 수 없다는 생각에. 난 더 많은 사람들에게 사랑을 나눌 수 있는 예쁜 마음을 가진 사람이 되고 싶다.

내가 너희를 다시 만날 수 있는 날이 올까? 밀려오는 쓸쓸한 감정을 꾹꾹 눌러본다.

Chile

국경에서 다시 만난 친구

볼리비아에서 칠레 육로로 국경 넘기. 아타카마 사막으로 넘어가는 투어를 알아보다가 투어가 아닌 일반 버스를 타게 되었다. 일반 버스를 타고 가는 내내 창문 밖으로 보이는 풍경은 너무나도 남미스럽고 사랑스럽다. 칠레로 넘어가는 국경 통과를 위해 기다리는 곳은 화산이 배경이 된다. 햄버거를 먹으면서 바라본 웅장한 화산. 그동안 이렇게 신비스러운 곳을 어떻게 모르고 살았을까 싶다. 국경을 통과하기 위해 메고 있던 가방을 내려놓고 국경 심사 줄을 섰다.

"어?" 뒤에 낯익은 친구와 눈이 마주쳤다. 마추픽추를 같이 다녀온 일본 친구를 다시 만난 것이다. 친구는 공항에서 내려 일본으로 돌아간다고 했고, 함께 있던 스페인 친구는 나와 목적지가 같았다. 이렇게 우연히 만난 알렉산드로와 함께 칠레 아타카마를 여행하게 되었다. 이후에도 몇 달 후에 알렉산드로는 콜롬비아에서도 만났다. 인연이라는 거, 언제 다가올지 모른다.

세상에서 제일 건조한 사막 자전거 여행

오늘의 목표 : 칠레 아타카마 사막에서 달의 계곡 다녀오기.

준비물 : 튼튼한 다리와 물 2L, 자전거 렌트비용. '달의 계곡'은 세상에서 가장 드라이 한 사막이다. 보통 이곳을 차를 타고 투어로 다니는데 알렉산드로가 자전거트립을 제안하는 바람에 자전거로 다녀왔다.

나도 인터넷에서 본 사진처럼 아타카마 사막에서 판초를 휘날리며 멋진 석양 그림자 와 함께 인생샷을 남기고 싶었다. 그런데 결국 운동복에 자전거를 든 사진 한 장만 찍 었다. 남들이 하는 것은 다하고 싶지만, 이게 가장 '나' 다워서 좋다.

여행을 하면서 믿는 것이 하나 생겼는데, 만날 사람은 만나게 되어있다.
나는 이 동그란 지구를 한 바퀴 돌면서 만난 친구들을
다른 대륙에서도 만나고 있는데, 가끔은 이런 지구가 작게 느껴진다.

칠레 산티아고에 도착하기 전, 페루 아레키파에서 만났던 칠레 친구 안토니아에게 연락을 했다. 그녀는 나를 너무나도 반갑게 맞이해줬다. 내가 느낀 산티아고는 서울 같다. 장기간 여행하면서 항상 도시 싫다고 했었는데 도시로 돌아오니까 또 좋다. 페루에서 만났던 칠레 친구를 그녀의 도시에 와서 만나니 또 새롭다. 친구가 수업이 있어서 친구 대학교를 구경하며 기다렸다. 평화롭다. 이 도시.

산티아고 이후 더 이상의 여행 계획이 없다. 앞으로 어디를 가야 할지 계획이 필요해졌다. 나를 포함해 대부분의 여행자들 루트는 칠레 →아르헨티나 지구 끝 파타고니아 행이다. 그런데 나는 갑자기 콜롬비아 티켓을 구매하게 되었다. 이번 세계일주를 하며 호주에서 만난 콜롬비아 친구들 때문이다. 그 중 한 콜롬비아 친구가 콜롬비아로 귀국하고 남미를 떠도는 내 사진들을 보고 연락을 해 온 것이다.

그래서 친구 만나러 가려고 비행기 표를 샀다. 콜롬비아로 향하는 비행기 티켓은 출발 2일 전에 구매 완료. 아침 일찍 비행기라서 마지막 날 숙소 값도 아낄 겸 친구랑 새벽까지 놀다가 혼자 우버 불러서 공항으로 직행했다. 취기가 올라서인지 택시에 타서 꾸벅꾸벅 졸며 문득 처음 남미에 도착했을 때 항상 긴장하고 다니던 내 모습이 떠올랐다. 지금의 나는 이곳이 불편하면서도 편하다. 익숙해진다는 것 꽤 묘한 느낌이다. 지구 반대편을 여행하고 있는 나는 이방인이지만 마치 내가 이곳의 한 부분이 된 것처럼 행동하게 만든다. 남미는 여행을 오기 전 내가 생각했던 것보다 굉장히 큰 대륙처럼 느껴졌다. 아마 국가 간 이동하는 어마어마한 비행기 가격때문일 수도 있다. 남미 여행을 할 때 가장 중요한 것은 바로 여행 루트! 시간이 별로 없다면 여행 루트를 꼼꼼하게 잘 만드는 것이 중요하다. 난 원래 산티아고 아웃이었는데 여행을 장기간 더 하다 보니 루트가 엉망이 되었다.

콜롬비아 보고타에 도착했다. 지나가 사는 콜롬비아의 수도 보고타는 꽤 큰 도시 같다. 콜롬비아에서는 지나의 가족과 함께 지내게 되었는데 사랑이 넘치는 가족이다.

"네가 그 한국 친구구나. 나는 사업을 시작하기 20년 전 한국에 방문한 적이 있어"

지나 아버지는 오래 전 한국을 방문한 경험이 있으셔서 더 신기하게 느껴졌다. 지나와 나는 호주에서 만났을 때보다 훨씬 많이 가까워졌다. 그녀가 공유하는 일상을 통해 나는 콜롬비아의 문화를 현지인처럼 경험할 수 있었다.

보고타에서의 마지막 날에는 지나 가족의 이름을 한국어로 적어 메시지와 함께 선물했다.

365일 날씨 천국

지나는 내가 꼭 메데진을 여행하기를 원했다. 본인의 나라 중 아름다운 도시를 여행하기를 바란 것. 지구 반대편에서 온 친구가 콜롬비아 여행을 즐겼으면 하는 마음이었는데 얼굴만큼이나 마음이 너무 예쁘다.

지나는 메데진에 살고 있는 본인의 친척들에게 한국 친구가 메데진을 갈 것이라고 연락했다. 나는 결국 메데진행 비행기 표를 샀다.

메데진 공항에 도착. 한눈에 봐도 나를 기다리는 가족의 모습이 보였다. 그들은 두꺼운 잠바를 든채 나를 기다리고 있었다. 처음 만나는 사람들인데도 벌써 마음이 안정되었다. 비가 쏟아졌는데, 내 온기는 그들이 나를 위해 가져온 잠바처럼 따뜻했다. 나는 참 행운아다. 어디를 가든 나를 반겨주고 사랑해주는 사람들이 있으니까 말이다.

신혼여행지로 다시 올 거야!

내가 만난 모든 콜롬비아인들이 입을 모아 칭찬하는 카리브해 휴양지 카르타
헤나. 콜롬비아에서 혼자가 된 것은 처음이라 낮밤 모든 길에서 긴장했다. 호스
텔 직원에게 음식점, 펍 등이 몰려있는 곳을 추천받아서 그 길로 향했다. 우선
경찰들이 있는지 확인하고 경찰들이 있는 길로만 다녔다. 여행을 다니면서 나
의 특이한 점을 발견하게 되었는데 모든 나라의 경찰들에게 호의적이고 그들
을 신뢰하는 것이었다. 아무래도 할아버지와 아빠 모두 경찰 출신이었기 때문
인 것 같다. 나중에 알게 된 사실이지만 남미 경찰은 생각보다 많이 부패해 있어
서 여행자도 조심해야한다.

호스텔 직원이 추천해 준 트리니다드 광장에 도착하자 많은 버스킹과 길거리
음식들이 나를 맞이했다. 모두 길에서 맥주를 마시며 시간을 보내는 이곳. 여행
자와 현지인들이 함께 어울려 노는 모습이 꽤나 흥미로웠다. 길거리 음식을 둘
러보다 음식과 맥주를 한 병 사서 자리를 잡았다. 모르는 사람들이 내 옆 자리를
스쳐갔다.

그 중 인상 깊은 친구는 '카르타헤나 출신의 흑인 소녀.'

옆 자리에 앉아 나에게 말을 걸었다. 그녀는 이 곳에서 한국인을 만나는 것은 매
우 드문 일이라며 기뻐했다. 서로 이야기를 하다가 친구는 카르타헤나에 대해
서 설명해 주었다.

"자, 혜진, 눈을 감아봐. 그리고 이 광장에 몇 십 년 전 흑인들이 노예로 생활하던
모습을 상상해봐. 우리가 즐기는 지금 이 순간은 굉장히 소중한 거야."

Ecuador

✈ 그녀가 수상하다

에콰도르 키토에서 세상의 중심이라는
적도 박물관에 방문하기 위해 버스에 올
랐다. 옆에 앉아있던 에콰도르 아줌마는
나에게 계속 스페인어로 말을 걸었다. 잘
못 알아듣자 영어로 한 마디 질문했다.

"어느 나라 사람이니?"
여러 나라를 다니며 가장 많이 듣는 말.
나는 한국 사람이라 말했고 이후 아주머
니는 내가 가는 곳 근처에 산다고 하셨다.

잘 알아듣지 못하다 보니 웃으며 고개를 끄덕이는 것이 나의 답변. 나를 힐끗힐
끗 보시는데 그러다 눈이 마주칠 때면 환하게 웃으셨다. 하지만 남미 여행 오기
전에 호의를 베푸는 현지인들은 돈을 요구하는 경우가 많다고 들었기 때문에
경계심을 늦추지 않았다.

"혹시, 적도 박물관에 가는 거니?"
그녀는 많은 여행자들이 그렇다는듯 적도 박물관에 가냐고 물었고, 내가 가는
곳에 데려다준다며 적도 박물관까지 따라오셨다. 그리고 영어를 전혀 못하시면
서 내가 영어 가이드 투어를 신청하자 입장료를 내고 나를 계속 따라다니며 사
진을 찍어 주기 시작했다. 순간 그녀의 행동들이 사기인지 호의인지 구분이 가
지 않았다. 너무 소녀 같은 미소를 지으며 나를 계속 따라오는 아줌마를 뿌리칠
수가 없었다. 혹시라도 아줌마가 돈을 요구하면 $10까지만 주자라고 속으로 생
각했다. 하지만 그녀는 내 옆에 꼭 붙어 다니며 혼자 다니면 위험하다고 계속 걱

정을 했다. 그리고 나에게 돈을 요구하기는커녕 기념품 가게에서는 나 대신 가격을 깎아 주셨다. 그녀는 정말 순수한 마음으로 나를 데리고 다녔던 것이다. 마지막에는 숙소로 돌아가야 할 때, 혼자는 위험하다고 버스정류장까지 다시 1시간이 걸려 데려다주셨다. 남미에 대한 편견을 갖고 있던 내가 에콰도르에서 경험한 것은 마음으로부터 우러나오는 사랑 가득한 사람이 더 많다는 사실이다.

"어떤 꽃을 좋아하나요?"

호스텔로 오는 길에 꽃을 파는 곳이 있어서 아줌마에게 물었다. 금세 눈치라도 채신 건지 고개를 절레절레 지으셨지만 아줌마를 꼭 안아드리며 내가 알고 있는 스페인어 한 마디를 건넸다.

"그라시아스(감사합니다)"

머뭇거리다 결국 꽃을 골라서 선물해드렸다. 꽃을 든 아주머니는 내가 지내는 숙소 앞까지 데려다주고, 나를 꼭 안아 주셨다. 그녀의 품은 꽤나 따뜻했다. 언어의 장벽으로 인해 그녀가 하는 말을 모두 이해하지는 못했지만 낯선 이의 사랑을 느낄 수 있었다. 그녀에게 또한 나의 따뜻한 사랑이 전달되었길 바라는 날이고 어디서나 사랑받을 수 있음에 다시 한번 감사하게 되는 날이다.

적도 박물관은 세상의 중심인 곳.
커다란 지구에서 중심에
서 있다니 너무 신기하다.
'세상의 한 가운데 서 있을 것이라는
생각을 단 한 번도 해본 적이
없는데 모든 일이 그러하겠지.'

8년 만에 다시 만난 친구

콜롬비아에 있을 때 내가 남미를 여행 중이라는 것을 알게 된 에콰도르 친구 안드레스와 연락이 닿았다. 안드레스는 약 8년 전 아일랜드에서 살 때 알게 된 친구인데 정말 오랜만에 다시 만난 것이다.

시간의 흐름이 느껴질 만큼 내 친구에게는 새로운 가족인 어여쁜 딸이 생겼다. 그뿐만 아니라 많은 상황들이 우리의 위치를 다르게 만들었다. 하지만 변하지 않은 얼굴을 한 우리는 오래전 타국에서 순수하게 친구들과 의지하며 살던 유학생의 모습을 회상하게 해주었다. 안드레스는 키토의 여러 곳을 데리고 다니며 에콰도르에 대해 설명해줬다. 그중 수도 키토에 왔으면 천사상에서 선셋을 봐야 한다고 차로 데리고 갔는데 내가 남미에서 좋아하는 곳 중 한 곳이 되어버렸다. 천사상에서는 사진과 같이 아름다운 키토 전경을 볼 수 있지만 걸어서 올

라가는 것은 위험해서 추천하지 않는다. 주로 택시나 자가용을 이용한다. 남미 여행 중 이렇게 많은 집들이 산 중턱에 가득 모여 있어서 깜짝 놀랐다. 밤에는 촘촘하게 모여 있는 집들의 불빛들이 하늘의 별 같이 느껴져서 너무 아름답다. 나의 행복함이 조금이라도 공유되기 원하는 마음에 사랑하는 나의 사람들에게 영상을 보냈다.

페루 여행을 함께한 루카를 에콰도르 키토에서 다시 만났다. 페루 여행 이후 나는 볼리비아와 칠레를 여행했고, 루카는 에콰도르로 다시 돌아갔다. 이후, 루카는 키토에서 3일 동안 나를 기다렸다. 다시 만난 우리는 루카 친구네서 1박을 지낸뒤 해변가로 장시간 버스여행을 시작했다. 숙박을 제공해준 에콰도르 친구들에게 한글로 그들의 이름을 적어 선물했다.

"혜진! 이건 최고의 선물이야!"

친구들은 엄지척을 하며 우리를 데리고 동네를 다니며 친구들에게 소개했다.

'너희에게 한국이라는 나라는 매우 신비로운 곳이구나.'

어느 곳에 가든 환호해주는 그들이 너무 친숙하게 느껴졌다.

여행을 하며 정말 많은 사람들을 만나고 있다. 그중 몇몇은 지나가는 인연이기도 하고, 몇몇은 깊은 관계가 되기도 한다. 루카는 몇달 전 에콰도르 호스텔에서 발렌티어로 일을 하며 함께 생활했던 독일의 다니엘과 에콰도르 엘리세오도 '몬따니따' 도시로 초대했다. 한국, 네덜란드, 독일, 에콰도르 등 국적이 다른 우리 넷은 루카의 지인으로 한 무리가 되었고 함께 새로운 인연을 만들어갔다. 에콰도르 현지인 친구와 함께 여행하다 보니 도시 이동을 할 때도 일반 버스를 타고 움직이게 되었다.

우리는 작은 도시와 바다를 여행하다가 히피들의 집합소라는 '몬따니따'에 도착하게 되었다. 이후 이곳에서 약 2주 정도 지내며 밴드 친구들과 친해졌다. 우

리는 오후가 되면 매일 이 밴드가 있는 카냐그릴 펍에 가서 음악을 듣고 연주가 끝나면 친구들과 바에서 시간을 보내며 점점 가까워졌다. 몬따니따에서는 캐나다 노부부, 스웨덴 에콰도르 부부 등 다양한 연령 층의 친구들을 사귀게 되었다. 스스럼없이 본인들의 일생을 공유하는 그들의 모습이 아름답기만 하다.

휴가로 놀러 온 부부도 있고, 집을 렌트해서 지내고 있는 분들까지 다양한 사람들이 모였다. 하루는 그들이 초대한 집에 가서 시간을 보내기도 했다. 부모님 나이의 분들과 자유롭게 마음을 터놓는 친구가 된다는 것. 쉽지 않은 것 같지만 어려운 것도 아니었다.

우리는 함께 우리의 삶과 자유를 위해 건배를 한다.

'모두 행복하길!'

Puerto Lopez

우리가 이곳에 온 이유다. 에콰도르 갈라파고스에 사는 파랑 다리 새들 때문인데,
이곳에서 배를 타고 Plata 섬으로 들어가면 이 귀여운 새들을 볼 수 있다.
집도 몇 채 없고, 아스팔트가 깔리지 않아 모래 투성이의 길들이 대부분이지만,
조용한 해변가라서 꽤 매력적인 곳이다.

내 생일 핸드폰 도난 사건

어느 날보다 특별하게 생일을 보내고 싶었던 내 생일. 그런데 너무나도 속상했던 하루가 되었다. 많은 친구들이 축하해 줬을 날인데 핸드폰을 도둑 맞았다. 생일 전날 밴드 중 프랑스 멤버인 시몬과 함께 바다에 나갔다. 내가 좋아하는 레게톤 음악을 연주하며 노래해 주는 친구가 꽤 멋져 항상 같이 지냈다. 분명 우리 주변에는 아무도 없이 고요했고 파도 소리만이 들렸는데 우리 사이에 뒀던 핸드폰 두 개가 도난당한 것이다. 정말 미안한 말이지만 나는 순간 시몬을 의심했다. 재빠르게 숙소로 돌아가 아이폰 찾기 기능으로 확인했지만 핸드폰은 꺼져 있었다. 가끔 나는 내가 참지 못할 정도의 일에 처하게 되면 회피하려는 성향이 있다. 아무 생각 없이 자고 일어나 핸드폰을 찾고 싶었다. 물론 찾지 못할 것이라고 예상도 했고 이미 속상한 마음이 다였다. 다음 날 경찰서에 가기로 하고 잠이 들었다.

핸드폰을 다시 찾지 못할 것 같았지만 작은 기적을 꿈꾸며 경찰서에 신고를 하러 갔다. 호스텔에서 만난 멕시코 친구가 경찰서에 함께 가서 통역을 해줬다.

경찰서에서 호스텔로 돌아오는 길에 고마운 마음에 멕시코 친구에게 점심을 사겠다고 했다. 숙소에서 지내는 동안 그가 음식을 제대로 먹는 모습을 보지 못했기 때문도 있었다. 하지만 그는 제일 저렴한 $1 남미식 만두 엠빠나다 하나를 주문했다. 그는 배가 고프지 않다고 했다.

소박하게 살고 있는 그의 삶이 안쓰럽다고 생각했던 내 자신이 창피해졌다. 본인이 취해야할 것만으로도 삶은 충만할 수 있는데 내가 갖고 있는 욕심들은 언제쯤 다 내려 놓을 수 있을까? 경찰서를 방문하라고 알려줘서 큰 경찰서로 찾아갔더니 많은 경찰들이 내 주위를 둘러쌌다.

"에콰도르 경찰들은 엄청 호의적이다. 나 폰 찾을 수 있을 것 같은데?"

"원래는 신경도 쓰지 않았을 거야. 너가 외국인이고, 아시아 사람을 만나기가 힘들어서 더 신기해서 그런 걸 거야"

아이폰 찾기를 하자 핸드폰이 켜진 위치가 확인되었다. 핸드폰을 함께 잃어버린 시몬, 내 친구 다니엘, 호스텔 스텝 아드리안 우리 넷은 경찰차에 올라타서 경찰과 함께 그 마을로 갔다. 작은 트럭 같은 경찰차에 모두 타기 위해서 테트리스마냥 우리는 몸을 구겨 넣었다. 하지만 결국 핸드폰을 찾지 못하고 숙소로 돌아왔다. 나는 이 작은 도시가 너무 좋아서 스페인어 학원을 알아봤고 호스텔에서 무료로 숙식 제공받을 수 있는 곳을 알아 놨었다. 그런데 이제는 떠나야 할 것 같다는 생각이 제일 먼저 들었다. 이제 미련이 더 이상 없다며 가방을 챙겼다.

가끔은 이렇게 쉽게 떠날 수 있는 가벼운 몸이 점점 좋아진다.

잃어버린 것은 자신을 찾는 데 도움이 된다.

버스는 주로 낮에 이동하는 것을 선호하는데 선택권이 없어서 늦은 밤 과야킬로 이동하는 버스를 탔다. 그렇게 도착한 어둠이 내려앉은 과야킬 도시. 워낙 이도 시는 위험하다는 소리를 많이 들어서 친구와 같이 있음에도 불구하고 꽹장히 긴장되었다. 특히나 대부분 가게의 철장은 나를 얼어붙게 하기에 충분했다. 대낮에도 나타나는 강도들 때문에 자신의 재산을 지키기 위한 철장들. 어느 도시에서도 보지 못했던 작은 슈퍼마켓에서 초콜릿을 살 때도 철장 사이의 작은 문으로 돈을 건네고 물건을 받았다.

"나는 오늘 꼭 맛있고 근사한 저녁을 먹고 싶어"

함께 과야킬로 온 다니엘은 늦은 밤에 맛있는 음식을 먹고 싶다며 위험한 동네를 헤집고 다녔다. 사실 나는 핸드폰을 잃어버린 이후 더 이상 잃어버릴 것이 없었다. 가진 것이 없으니 겁도 많이 줄었다.

"혜진, 혹시 갖고 싶은 거 있어?"

"나! 린스 사야 돼"

"선물이야. 생일 선물"

다니엘은 철장으로 감싸진 작은 가게로 가서 린스를 사와 건넸다. 린스를 받으며 우리 둘은 웃음이 터졌다. 꽤나 다이나믹한 생일이었다. 대부분의 식당이 문을 닫아 호스텔 근처에 있는 허름한 식당으로 갔다. 가족이 운영하는지 7살 남짓해 보이는 친구가 와서 주문을 받았고, 식당 집 꼬마들은 우리 주변으로 모여들었다. 그 중에서 한 꼬마가 나를 힐끔힐끔 쳐다보다 내가 부르자 나한테 달려와서 내 품에 안겼다. 부모님을 도와 식당 일을 하는 어린아이들이 대견하면서도 사랑스럽다. 삭막한 도시에서 살아가며 도로를 놀이터 삼아 놀고 있는 아이들.

식당 앞 슈퍼에 가서 농구공 모양의 초콜릿을 사와서 아이들에게 나눠줬다. 다니엘과 나는 유럽과 한국 교육방식에 대해 토론을 하기 시작했다. 우리가 앉아 있는 집 같은 식당에서 생선구이 냄새가 나기 시작했고, 그렇게 우리는 맛있는 저녁으로 배를 채웠다.

숙소에 도착해서 여행자들이 모여있는 옥상으로 올라갔다. 무수히 떨어지는 별 아래에서 함께 음악을 연주하고 노래를 불렀다.

우리도 한켠에 자리를 잡고 앉아 별과 달을 안주 삼아 맥주를 마셨다. 이 날밤은 에콰도르 출신의 프랑크가 작사 작곡한 곡을 함께 연주했다.

나 또한 오랜만에 피아노를 연주했다. 음악의 언어는 세상에 하나만 존재하는 것 같다. 멜로디와 함께하는 이 밤은 너무 아름답다.

과야킬에서 만난 갈라파고스 거북이

과야킬은 에콰도르에서 위험한 도시로 꼽히는데 대부분 공항 때문에 여행자들이 이곳을 방문한다. 과야킬에 있는 한 대학교에서 갈라파고스의 위험한 상황을 대비해서 예비용으로 보호하고 있다.

세상 끝의 그네… 친구 다니엘

에콰도르 바뇨스에 가면 모두가 찾는 곳! 바로 '세상 끝의 그네'

시내에서 버스를 타고 한참을 들어왔는데 굉장히 춥다. 나랑 다니엘만 여름 옷을 입고 있다. 세상 끝의 그네가 위치한 곳이 고산지대에 위치하고 있어서 춥고 머리가 많이 아팠다. 바뇨스 동네의 날씨는 대부분 오전에는 맑고, 오후에는 흐리기 때문에 오전에 방문하는 것을 추천한다. 사진 뒤의 배경은 원래 화산인데, 갑자기 안개가 끼는 바람에 멋진 배경이 사라져 버렸다.

'우연히 만난 독일 다니엘이랑 이렇게 친해질 줄이야!'

몬따니따에서 루카와 엘리세오가 각자의 집으로 돌아가고 나와 다니엘은 조금 더 지냈다. 이후 다니엘은 나의 일정인 과야킬에서 바뇨스까지 따라왔다. 우리는 때론 용감한 모험가처럼 두려움 없이 여행했고, 서로가 살아온 세계를 공유하기도 했다. 그렇게 서로가 갖고 있는 다른 가치관을 이해하기 위해 수많은 대화를 했다. 그래서인지 정이 더 많이 들었던 친구. 우리에게도 헤어질 시간이 왔다.

'넌 행복한 사람이야. 헤어지는게 아쉽지만 언제 또 볼지 모르니까!'

헤어지는 순간에도 너무나도 따뜻하면서 쿨한 한 마디를 건네는 다니엘. 여행은 혼자 시작했지만 항상 친구들을 만나서 지내다보니 혼자되는 순간이 외롭게 느껴질 때가 있다. 목적지 없이 다니는 여행은 흥분되고 흥미롭다가도 가끔은 너무 혼란스럽다. 이제 핸드폰 없이 혼자 여행해야 하니 벌써부터 갑갑하다.

바뇨스에 처음 도착했을 때 재미없는 도시라고 생각했는데 점점 좋아진다. 이
곳에서는 아마존 투어도 할 수 있었는데 아마존을 에콰도르에서도 갈 수 있다
니 놀라웠다. 아침 일찍 일어나 뿌요(Puyo)까지 가는 버스를 타고 가서 아마존
정글투어를 했다. 아마존 숲을 헤매며 계속 걷다가 계곡을 만나 수영을 했다. 아
마존 강을 따라 카약을 타고 나중에는 강을 배경으로 엄청 높은 곳에서 그네를
탔는데 정말 무서웠다. 높은 곳에서 안전장치가 없는 그네라니 타잔이 된 기분
이다.

나는 점점 더 용감해져가고 있는 것 같다.

그동안 자연과 멀리 살았던 것 같다.
아마존에서 장소를 옮길 때마다
감탄사가 절로 나왔다.
남미까지와서 아마존을 가보지
못한 것 같아서 아쉬웠는데,
아마존은 정말 큰 것 같다.

✈ 하고 싶은 대로 해

독일 친구 프리지는 나와 함께 있는 동안에도 틈틈이 팔찌를 만들었다. 그녀는 동남아와 인도를 여행하며 팔찌를 만들어 판매했다고 한다. 하루는 팔찌 만드는 법을 배우고 싶어하는 나에게 방법을 알려 주고 우리는 함께 하루 종일 숙소에서 팔찌를 만들었다. 어느 날은 인도에서 사온 헤나액이라며 나와 숙소 청소를 담당하는 엘레나 팔뚝에 원하는 모양의 헤나를 새겼다.

바뇨스에서도 오랜 기간 쉬었다. 이제 어디로 가야 할지 모르겠다. 핸드폰도 없고 여행 계획도 없다. 분명한 것은 나의 여행을 여기서 끝내고 싶지 않다. 아마존에서 만난 아르헨티나 2명의 친구들이 다음 날 콜롬비아로 키토에서 출발한다고 했다. 나는 핸드폰도 없이 무작정 아르헨티나 친구들이 있는 '키토'로 향했다. 콜롬비아에서는 살사의 고향인 '칼리'를 방문하지 않았다는 핑계로 그녀들을 따라나선 것이다. 키토에 도착하니 밤 12시가 넘었다. 숙소에 도착했지만 핸드폰이 없어서 어떻게 연락을 해야 할지 잘 모르겠다. 다행히 호스텔에 컴퓨터가 있어서 페이스북에 메시지를 남겨놓고 방으로 돌아와서 2층 침대에 올랐다.

'이 모험이 정말 재밌는 것은 아르헨티나 친구들이 영어를 못하고 나는 스페인어를 못한다. 이 점이 좀 걱정되지만 그래도 아무일 없이 안전하게 여행 할 수 있겠지?

$20에 살 수 있는 8시간

오후 8시경 에콰도르와 콜롬비아 육지 국경이 있는 도시 툴칸에(Tulcán) 도착했다.

"이미그레이션을 통과하려면 6시간 기다려야 해. 너희가 $20를 내면 바로 보내줄게"

국경에서 우리를 보고 건넨 첫 마디. 나 혼자였다면 돈을 냈겠지만 함께 온 아르헨티나 친구들은 줄을 서자고 했고, 결국 친구들을 따라서 줄을 찾아 헤매게 되었다.

"헤이 친구들! 여기가 줄이야!"

베네수엘라 친구 여러 명이 다가왔다. 이미 예전부터 알고 있는 사이처럼 어둠 속에서 우리는 금방 친구가 되었다. 추운 날씨 속에서 6시간 동안 함께 순서를 기다리며 얘기를 나누게 되었는데 태어나서 처음 느껴보는 슬픈 감정이 몰려왔다. 그중 내 가슴을 쿵하고 내려 앉게 만든 18살짜리 친구의 말이다.

"나는 베네수엘라에서 지내며 먹을 것이 없어서 바나나 껍질을 먹은 적이 있어. 한 달 동안 열심히 일해도 $2가 월급이고 닭 1마리가 $1야. 나의 국가는 매우 아름답지만 지금 살기가 굉장히 힘들어. 그래서 나는 그곳을 떠나는 중이지"

내가 만난 베네수엘라 사람들은 자신의 국가를 사랑했다. 다만 더이상 선택의 여지가 없어지자 나라를 떠나는 것이었다. 그들은 자신의 국가 베네수엘라가 얼마나 아름다운지 나에게 사진 여러 장을 보여주며 신이 나있었다. 갑자기 주변에 있던 여러 명의 사람들이 몰려와 기념품으로 챙기라며 나에게 베네수엘라 돈을 선물로 건넸다. 그들은 비상식량으로 가방에 음식들을 챙겨왔다. 가진 것 없이 타지로 나가서 자리를 잡아야 하는 그들. 현재 그들이 갖고 있는 베네수엘라 음식은 너무나도 소중한 식량이었다.

"친구야 이거 한 번 먹어봐"

나를 불렀다. 그들에게는 너무 귀한 음식이지만, 외국인을 만난 것이 신기하고 좋았는지 베네수엘라 음식을 먹어보라고 우리에게 건넸다. 그들의 이런 호의는 따뜻하면서도 마음을 아프게 했다.

"혜진! 혜진!"

갑자기 그들이 다급하게 나를 조용히 부르며 이리 오라는 손짓을 했다. 그들의 손짓을 따라 도착한 곳은 자원봉사자들이 무료로 음식을 제공해 주는 곳이었다. 친구들은 내가 먼저 음식을 받도록 나를 앞에 세웠다. 빵 한 조각에도 행복해 하는 젊고 멋진 친구들이 나를 위해 양보하는 모습을 보니 뭉클해졌다.

'드디어 내 차례이다.'

그런데 정말 어이없게도 딱 내 앞에서 음식이 떨어졌다. 친구들의 실망한 모습을 보니 너무 속상해서 갖고 있던 $5를 꺼내 여러 명이 먹을 양의 빵을 사서 함께 나눠 먹었다. 그 와중에 아르헨티나 친구들은 사람이 많은 곳에서는 돈을 꺼내지 말라고 나를 챙겼다.

새벽이 되자 날씨가 꽤 쌀쌀해졌다. 이미그레이션 직원이 다가와서 내 손목에 번호를 적었다. 내가 닭장 속 닭도 아니고 나는 이곳에서 이름 대신 숫자로 불린다. 이런 모습을 신문사 기자들이 나와서 사진을 찍는다. 왜인지 모르는 분노와 슬픔에 눈물이 왈칵 쏟아졌고, 18살 친구와 함께 손의 번호를 보여주며 소리쳤다.

"Are we chickens?" (우리가 닭입니까?)

너의 선물은 너무 아름다워

'너무나 예쁜 마음을 갖고 있는 이 친구들에게 선물할 것이 없을까?'

이들은 지구 반대편에서 날아온 내가 신기한 모양이다. 한국에서 가져온 물건들을 선물하고 싶어서 가방에 있는 마스크팩과 옷 몇개를 전부 꺼내 나눠줬다. 더 이상 줄 것이 없어진 나는 특별한 선물을 하고 싶었고, 갑자기 생각난 것은 한글로 그들의 이름을 적어주는 것이었다.

"친구야, 네 이름을 영어로 적어주면 내가 너의 이름을 한글로 적어줄게"

가방에서 종이와 펜을 꺼내 함께 있는 친구들에게 한국어로 그들의 이름을 써주기 시작했다. 그런데 갑자기 모르는 사람들이 내 주변에 모여들고 일자로 줄을 길게 섰다. 정말 끝이 보이지 않을 정도로 많은 사람들이 서 있었다. 이들은 나에게 여권을 펼쳐 자신의 이름을 보여줬다.

'아, 한글로 이름을 써달라는 거구나'

이 광경은 마치 유명 연예인의 팬사인회 모습같이 꽤나 흥미로웠다. 나는 갖고 있던 종이를 모두 동원해 그들이 원하는 메시지와 이름을 한글로 적었다.

내가 이름을 쓰는 동안 나를 계속 옆에서 지켜보던 할머니가 계셨다. 마지막까지 나를 지켜보시던 할머니는 나를 꼭 안아주시며 내 손을 잡았다.

"그라시아스. 그라시아스(고맙습니다. 고맙습니다)"

그들에게는 그림과 같은 언어가 모국어이기 때문에 한국어로 특별한 선물을 해줄 수 있다는 사실이 나를 더 반짝이게 만들었다.

한 친구가 낡은 카메라를 꺼내 나를 가운데에 세웠다. 다행이다. 이 순간 우리의 모습을 기록할 수 있어서. 모두 인터넷도 안 되고, 폰도 없고, 우리는 노트에 서로의 소셜미디어 아이디를 적어 공유했다. 언젠가는 다시 만날 날을 기약하며 하이파이브를 했다.

"Good Luck"

따뜻하고 강한 포옹 그리고 볼 키스.

언제가 될지 모르지만 다음을 기약하는 인사를 하며 헤어진다. 페루, 에콰도르, 칠레, 콜롬비아 앞으로 우리가 가는 길은 다르다. 하지만 서로 알게 된 마음만큼은 모두 감사함을 갖고 있다.

'사람들과 만나고 헤어지는 것이 익숙해질 때도 되었는데 항상 서운하고 마음이 안 좋다. 그래도 언젠가는 다시 만날 수 있을 거야. 이것마저 따뜻하다. 정말 많은 사랑 나누며 사는 따뜻한 사람이 되고 싶다.'

여행은 언제나 즐거울 것 같지만 일반적인 삶과 같은 것 같다. 가끔은 너무 좋고, 슬프고, 힘들고 모든 감정을 소모하기 때문이다. 세상 사람들과 만나며 다양한 문화를 나누고 배우는 일은 너무 흥미롭지만 세상은 내가 생각하는 것만큼 아름다운 일만 있지 않다는 것도 알게 된다. 지구 반대편에서 일어나는 일들에 대해 무심했던 내가 이곳에 와 있다고 해서 달라지지는 않겠지만 아주 조금은 그들을 돕고 싶다. 가끔 내가 너무나 사랑스러운데 아무것도 할 수 없이 들어주고 바라만 볼 때의 무능력함은 힘빠지게 만든다. 그래도 오늘 하루를 열심히 사는 네가 그리고 내가 너무 자랑스럽다.

Colombia

작은 도시의 밤에는 아무것도 없는데 오전이 되면 활기를 되찾는다. 여행자들이 많이 찾는 곳은 아니고 절벽성당 때문에 사람들이 방문한다. 조식을 먹으러 나가는데 친구들이 가방을 챙겨왔다.

'나는 핸드폰도 없고 카메라도 안 챙겨왔는데 바로 절벽성당을 간다고?'

여행을 하며 물건을 잃어버리기도 하고 얻기도 하며 나는 많은 것을 내려놓기 시작했다. 여행지에 도착하면 항상 사진을 먼저 찍던 나인데 핸드폰을 잃어버린 이 후로는 사진 찍기 버릇이 사라졌다. 이곳은 눈에만 담기에는 정말 아까울 정도로 예쁜 곳이다.

'장소의 향기와 감정을 느낄 수 있도록 기록하는 것이 생긴다면 얼마나 좋을까?'

하루 종일 아르헨티나 친구들과 다니며 스페인어를 가르쳐주는데 그녀들은 매우 쿨하다. 나는 하고 싶은 말은 많았지만 할 수 있는 단어는 한정되어 있기에 스페인어 책을 열심히 펼쳐서 대화했다.

남미 여행 끝날 때쯤에는 스페인어로 웬만큼 대화를 할 수 있었으면 좋겠다는 생각이 간절하다. 절벽성당 방문 후 우리는 포파얀으로 가는 나이트 버스를 예매하고 호텔에서 저녁 11시까지 쉬다 버스터미널로 향했다. 차가운 밤공기만큼 콜롬비아의 밤은 항상 긴장하게 만든다.

콜롬비아의 산토리니 '포파얀'

새로 도착한 도시는 언제나 나의 여행에 활력을 준다. 다시 돌아온 콜롬비아이지만 이 도시는 처음이다. '포파얀'은 숙소로 가는 길부터 새하얀 건물들로 가득하다. 도착하자 마자 나는 너무 예쁘다며 꺄악꺄악 소리를 질렀다. 날씨가 좋을 줄 알았는데 오후가 되면서 비가 많이 온다. 장시간 버스 이동으로 배가 고파진 우리는 마트에 가서 장을 보고 점심은 숙소에서 해먹었다. 우리는 함께 여행하며 암묵적으로 음식을 만드는 당번이 정해져 있다. 저녁은 엘로이사가 타코를 만들기로 했다. 엘로이사는 아르헨티나 출신이지만 멕시코에서 약 7년 살았다고 하니 그녀의 타코가 기대된다. 나는 돈이 다 떨어져서 ATM기에 출금을 하러 갔지만 돈이 뽑히지 않았다. 결국 친구들이 돈을 빌려주게 되었고, 그녀들과 함께 하는 나의 여행은 더 길어지게 되었다.

에콰도르에서 프리지에게 배웠던 팔찌를 만들고 싶어서 투어가 끝나고 재료 파는 곳을 찾아가 구매했다. 말도 잘 통하지 않는 나를 데리고 다니는 로미와 엘로이사를 위해 하루 종일 팔찌를 만들어서 선물했다. 그녀들은 계획 없이 남미 여행을 하고 있었다. 그런데 지구 반대편에서 날아온 스페인어 못하는 이방인을 만나서 기약없이 데리고 다니는 중이다. 심지어 내 카드에 문제가 생겨서 ATM 출금을 하지못해 돈도 없다. 이런 나를 무엇을 믿고 돈을 빌려주고, 항상 나를 챙기는 걸까 고마워진다. 엘로이사는 매일 하루에 한 번씩 내 노트에 오늘 공부해야 할 스페인어를 적어준다.

"혜진! 하루 더 있을래?"

우리는 얼마나 포파얀에서 지낼지 정해진 일정이 없다. 아침에 일어나서 기분대로 정한다. 모두 다른 나라에서 만나 동행한 친구들 마저 나와 비슷한 성향이었다. 우리는 여행 중 가끔씩 다이어리를 위한 시간을 따로 가졌다. 우리의 이야기가 다이어리에 쓰여질 때 다른 언어의 국적과 언어는 별로 중요하지 않았다. 확실한건 나는 전자기기보다 펜과 종이를 좋아했다. 서로를 위해 글과 그림을 그려주고 아름다운 꽃의 향기를 우리만의 방식으로 저장했다.

지금은 유럽, 남미, 아시아 각자 다른 대륙에서 각자의 방식으로 살아가고 있지만, 우리의 향기는 모두 아름답게 다이어리에 스며들었다.

오정들이 사는 마을

포파얀 근교 실바 마켓(Silva Market)이라는 인디헤나들이 사는 마을에 방문하기
로 했다. 콜렉티보를 타고 2시간을 고산지대로 올라가야 하는 마을이다. 가는
내내 귀가 아팠는데, 역시 고산지대였다. 마을에 도착하자 마자 감탄사를 외친
후 멍해지고 말았다. 광장에 많은 주민들이 모였는데 모두가 파란색 망토나 검
은색 옷을 입고 있다. 애니메이션에서나 볼 수 있는 그런 장면이다. 정말 너무
귀엽고 세상에 이런 마을이 존재하다니 믿을 수 없다. 그들은 테크놀리지 현 시
대와 단절되어 있는 것 같다. 세월의 흐름을 잊고 아직까지도 자신들의 전통을
지키면서 문화생활을 하며 고산지대에 살고 있는 사람들. 아름다운 전통을 그
대로 지키고 있는 사람들을 보고 있자니 참 멋있다는 생각이 든다. 그래도 나는
못하겠지.

튜브 타고 둥둥

살렌토에서 만났던 스위스 친구 레오를 칼리의 같은 숙소에서 다시 만났다. 레오가 칼리에서 꼭 가고 싶어 했던 여행지가 있는데 여행자들도 많이 가지 않는 이상한 곳이었다. 나는 이상한 모험심이 발동해서 레오를 따라 길을 나섰다. 우리는 목적지에 가려면 바로 갈수 있는 교통 편도 없어서 중간에 많은 길을 걸었다. 나무들이 우거진 숲속을 헤집고 나온 곳. 우리는 모두의 눈빛을 사로잡은 아시아와 유럽 출신의 이방인이 되었다. 이러한 관심은 기분 나쁘지는 않지만 불편한 관심이다. 그들은 정말 호기심 어린 눈빛으로 우리를 바라본다. 이런 관심 속에서 철로를 따라 오토바이가 끄는 수레를 타고 목적지에 도착했다. 이 괴기하면서 독특한 교통수단은 지구상에 이곳 밖에 없을 것이라는 생각이 들었다.

우리는 목적지에 도착해서 그들이 건네 주는 튜브를 받아 들었다. 그리고 흐르는 계곡물을 따라 튜브에 몸을 맡겼다. 사람이 별로 없어서 좀 무서웠는데, 아무 생각없이 내 몸을 한 곳에 의지하는 것도 나쁘지 않았다. 생각보다 튜브를 타고 내려오는 시간은 꽤 길어서 몸이 퉁퉁 불은 것 같다. 그 와중에도 수다를 떨면서 내려오던 우리는 결국 도착 지점을 지나 더 내려가게 되었다.

레오는 스위스에서의 어린 시절부터 자연과 친한 자신의 모습을 설명해줬다. 어렸을 때부터 계곡에서 첨벙 다이빙하며 놀았다는 스무 살의 그녀는 자연과 많이 닮아 있다.

✈ *커피의 본 고장 콜롬비아*

살렌토는 마을 자체가 알록달록 워낙 이뻐서 도시 구경만으로도 여행 느낌이 듬뿍 난다. 콜롬비아에서도 커피 생산지로 유명한 곳이라 커피농장 투어를 쉽게 찾을 수 있다. 투어가격은 농장마다 다르지만 10,000mil(약 4000원)으로 커피 생산 과정을 직접 경험할 수 있다. 커피농장 가는 길은 지프차를 이용해야 하는데 지프에 매달려서 갈 수 있다. 처음에는 무서웠는데 시간이 지나면 재밌다. 콜롬비아 농장에서 재배되는 커피들은 모두 한곳에 모아져서 수출된다고 한다. 콜롬비아 국내에서 판매되는 커피보다 해외로 수출되는 커피들이 퀄리티가 더 좋다는 말이다. 하지만 커피 농장에서 판매하는 커피는 직접 생산하고 있어서 퀄리티가 좋은 커피를 맛볼수 있다.

나는 커피 맛을 잘 몰라서 다 비슷한 것 같지만 특별한 것에 의미를 두고 배가 부를 때까지 커피를 마셨다. 그리고 언제 한국에 돌아갈지 모르지만 커피를 좋아하는 내 동생 찬우를 위해 원두를 구입했다.

살렌토 마을에서는 알록달록 칠해진
건물들 때문인지 놀이공원에
온 것 같은 느낌이 들었다.
그중 가장 인상 깊었던 것은 장난감
말을 타고 있는 꼬마와 그것을 밀어주는
아저씨였다. 아주 희미하지만
나도 저 꼬마 나이 때 부모님이 장난감
말을 태워준적이 있다. '저 꼬마도 나중에
나만큼 크겠지?' 여행을 하다 보니
매 순간마다 부모님을 생각하게 된다.

세상에서 가장 키큰 야자수

살렌토에 오고 싶었던 가장 큰 이유는 엄청 높은 키의 야자수를 보기 위해서다. 이곳은 고산지대여서 그런지 오전에는 맑고 날씨가 매우 좋은데 오후가 되면 비가 주룩주룩 내린다. 우리 호스텔은 경치가 훌륭해서 조식을 먹으며 맞이하는 아침이란 세상을 다 가진 기분이다.

이 날은 아침 일찍 출발해야 비를 맞지 않고 도착할 수 있다는 정보를 입수해 일찍 일어났다. 그런데 이 트레킹은 왕복 6시간이나 걸렸다. 나에게 트레킹은 이상한 매력이 있다. 항상 출발할 때 '다신 안 해!'를 외치지만, 돌아오는 길에는 행복함과 뿌듯함을 안고 돌아온다.

남미 총 강도는 사실

아침에 일어나 조식을 먹으러 갔는데 한 독일 여자친구가 울고 있었다. 함께 다니던 독일 친구들이 그녀에게 무슨 일이냐고 물었다. 새벽에 모두 함께 살사 클럽에 갔다가 숙소로 돌아왔는데 그녀는 전화 통화를 한다고 숙소 문 앞에 나가서 전화를 받은 것이다. 호스텔 입구 문을 열자 마자 동시에 누군가 머리에 권총을 갖다 댔다고 한다. 다행히도 휴대폰만 빼앗고 사라졌지만 그녀는 큰 쇼크에 빠져 있었다. 이 이야기를 듣고 나니 칼리에서의 시간이 두려워졌다. 이 날 이후로 우리 호스텔 앞에는 경비원이 생겼다. 아무래도 지내고 있는 호스텔이 콜롬비아에서 유명한 체인 호스텔이다 보니, 여행자들을 상대로 하는 강도들이 주변에 많이 있는 것 같다는 생각이 들었다. 혼자 지낸 날은 저녁을 굶었다. 시간이 늦어서 이미 어두컴컴해진 거리를 다니기가 너무 두려웠기 때문이었다. 낮에는 호스텔 수영장에서 수영하고, 호스텔 내부에 있는 살사 클래스에 참석했다. 칼리는 살사의 본고장이다. 리듬을 맞추는게 어렵지만 절대로 포기하지 않겠다는 도전 정신으로 오늘도 리듬에 맞춰 몸을 맡긴다.

핸드폰 없이 50일간 남미여행

핸드폰이 없이 지낸지 오랜 시간이 지났다. 칼리 중고매장에서 저렴한 중고 아이폰을 구매한 후 호스텔로 왔다. 핸드폰이 손에 쥐어지자 당연히 첫번째로 인스타에 접속해서 친구들의 근황을 살폈다.

우연히 브루노가 콜롬비아에 있는 것을 알게 되었다. 브루노는 약 8년 전 아일랜드에서 어학연수하던 시절 친하게 지내던 브라질 친구로 아직까지도 종종 안부를 전하고 있다.

'브루노! 너 콜롬비아 칼리야? 나 칼리야!' 메시지를 보냈다.

브루노는 내가 지내는 숙소 5분 거리인 바로 앞 숙소에서 지내고 있었다. 이런 우연이! 그런데 출장 온 거라서 그날 다시 비행기를 타고 떠나야 했다. 중간에 약 2시간 정도의 시간을 쪼개서 우리 호스텔로 왔다.

세상이 정말 좁다는 사실. 그리고 다시 만날 사람은 다시 만나고 만나지 못할 인연은 못 만난다는 순리. 칼리를 떠나면서 아쉬운 인연들도 있는데 그런 인연들은 항상 가까이 있을 때 곁에 둬야 한다고 생각한다.

콜롬비아의 자랑 카리브해 도시

카르타헤나 다시 왔다. 이곳은 내 신혼여행지로 다시 올거라고 했었는데 이번 여행에서 다시 돌아오게 되었다. 카르타헤나는 식민지 시절 역사가 깊은 곳으로 흑인 노예들의 아픔이 시작된 곳이다. 흑인들을 처음 이곳에 데리고 왔을 때, 여인들을 밖으로 내보내서 과일을 팔게 했다고 한다. 아픈 역사가 한참 흐른 지금은 그녀들의 모습이 하나의 문화가 되어 관광객들을 모이게 한다. 길을 걷다 보면 알록달록 옷을 입고 과일 파는 여인들을 종종 볼 수가 있다.

여인들의 모습은 너무나 아름다워서 많은 사람들이 함께 사진을 찍고 싶어한다. 사진을 함께 찍는 댓가로 따로 돈을 받는 경우도 있지만, 실제로 과일을 파는 여인들에게 과일을 사면 함께 사진을 찍어주기도 한다.

"너는 내가 여행중에 만난 큰 선물이야"

나에게 엘로이사가 말했다. 처음 그녀를 만났을 때 나는 "올라, 그라시아스(안녕.
고마워)" 밖에 말하지못했다. 그래서 많은 상황들이 더 애틋했는지 모른다.

우리는 서로에게 서툰 언어를 사용했지만 감정을 표현하는 것에는 어려움이
없었다. 두 달 동안 남미 여행을 함께 한 내 사랑 엘로이사의 생일. 곧 다른 도시
로 떠날 예정이라서 미리 그녀의 생일파티를 준비했다. 케이크 위에 꽂은 특별
한 촛불은 디자이너 엘로이사 작품으로 세상에 하나뿐인 특별한 케이크를 만
들었다.

'엘로이사, 너도 나에게 큰 선물이야'

플라야 블랑카 바루(Playa Blanca Baru)

'여기가 카리브해구나' 몸소 느낄 수 있는 바루 해수욕장. 플라야 블랑카 바루는 하얀 바다라는 뜻으로 작은 해변가이다. 전기가 들어오는 시간이 정해져있고, 물이 공급되지 않아서 주는 만큼의 물을 사용해야 한다. 학원 시작하기 전 2박 3일 놀러 왔는데, 물도 안 나오고 낮에는 전기가 없다.

1. "세수할래요" 물 한 컵 (양치는 바닷물로 해도 되니까) : 플라스틱 한 컵에 물을 담아주니까 고양이 세수 해야 한다. 이곳에서 비누칠은 사치다.
2. 생수가 귀해서 카르타헤나에서부터 미리 준비해 가야 한다. 우리는 물 아껴 먹느라고 락커에 넣고, 생수통에 덜어서 마셨다.
3. 샤워? 바켓 한 통에 물을 담아서 해야 한다. 샴푸와 린스를 왜 들고 왔을지? 차라리 물 한통 더 가져올 걸 후회했다.
4. 물가가 다른 곳에 비해서 비싸긴 한데 그래도 맥주는 매일 마신다. 다시 가게 되면 칵테일 재료 챙겨가서 직접 해먹을 거다. 맥주 가격은 흥정이 된다. 원래 6000mil인데 너한테만 4000mil에 주는 거야 하는데, 모두가 4000mil에 구매하는 것 같다.
5. 방갈로 숙소 : 대부분이 방갈로 숙소이지만 예약이 다 차면 바다 앞에 있는 해먹에서도 잘 수 있다.

콜롬비아 살아보기

콜롬비아 카르타헤나에서 지내며 '하루만 더, 하루만 더'를 반복했다. 결국, 이 곳에서 잠시 쉬어 가기로 결정하고 스페인어 학원을 알아보기 시작했다. 대부분의 학원비는 한주에 $250. 한 달이면 $1000(한화 약1,100,000원) 배낭여행자인 나에게는 터무니없이 비싼 학원비였다. 며칠동안 고민을 하다가 영어버전의 이력서와 경력기술서 그리고 추가적으로 포트폴리오를 원하는 어학원에 메일을 보냈다. 학원에서 일을 하는 대신 무료로 수업을 받고 싶다는 내용의 제안이었다. 3곳의 학원에 연락을 했는데 2곳에서 다음 날 답변이 왔다. 그리고 다음 날 아침 일찍 미팅을 하고는 바로 어학원에 가서 테스트를 받고 나의 콜롬비아 생활이 시작되었다.

때로는 무모하지만 용감하게 행동하다보니 나에게도 운이 따라오나보다.

콜롬비아에서 집구하기

어느 날 갑자기 온몸에 두드러기가 났다. 너무 간지러워서 아무것도 할 수 없었다. 위낙 어디를 가든 모기한테 잘 물리는 체질이라서 두드러기가 난 것처럼 모기에 물렸던 적도 많다. 하지만 이번에 생긴 것은 두드러기와 모양이 달랐다. 뭐라고 표현할 수 없을 정도로 너무 가려워서 알레르기인 줄 알았다. 수업을 들으러 학교에 갔는데 학교 직원이 베드 버그가 문 것 같다고 한다.

'아, 잊고 있었다. 장시간 호스텔 생활을 하며 베드 버그에 물린 적이 한 번도 없지만 나는 베드 버그를 직접 본 적이 있었다.' 굉장히 무서웠다. 그런데 이 심각한 가려움은 무서운 생각마저 잊게 했다. 수업이 끝나고 곧장 약국에 가서 피부를 보여주고 증상을 말하고 크림을 구매했다. 그런데 밤이 되니 더 가렵다. 더 이상 호스텔에서 숙박은 힘들 것 같다는 생각을 하게 되었다. 콜롬비아에서 살고 있는 비보이 친구가 외국인들이 살고 있는 안전한 동네를 알고 있어 도와주겠다고 했다.

"혜진, 내 프랑스 친구가 집을 렌트해서 살고 있는데 소개시켜줄까?"

친구와 함께 프랑스 친구네 가서 식사를 하고 집 주인 미가엘을 만나게 되었다. 다행히도 1층에 방이 하나 빈다고 했고 다음 날 바로 이사를 하기로 결정했다. 나는 이렇게 콜롬비아 한 마을에 나만의 터전을 넓혀가게 되었다.

세계여행 중 잠시 쉬어가기 콜롬비아에서 살게 된 6개월
지금 이 순간이 딱 좋은 것 같아요!

유명한 비보이 친구들

콜롬비아 특히, 카르타헤나에는 유명한 비보이들이 많이 모여서 버스킹을 한다. 우연히 트리니다드 광장에서 알게 된 비보이 친구들 덕에 나의 카리브해 생활이 꽤나 재밌게 되었다.

"올라 꼬리아나!(안녕 한국친구)"

이곳은 아시아인들이 적어서 어디를 가든 나를 알아보고 사람들이 인사를 건넨다. 처음에는 일본인, 중국인이라고 부르기도 했으나 이제는 한국인인 내가 익숙해진 그들이다. 이곳에서 얼마나 많은 동네 친구들을 사귀었냐면 유명한 비보이 친구가 나에게 한 마디 했다.

"혜진! 나는 3년 동안 이곳에서 버스킹 하면서 나름 꽤 유명한 사람인데 이곳의 모든 사람들은 너를 아는 것 같아"

버스킹으로 유명한 트리니다드 광장의 슈퍼 아저씨는 항상 나를 보면 먼저 계산해 주시고 주먹을 마주치는 인사를 한다. 나의 스페인어가 점점 늘수록 신기해하며 기특하게 생각해 주는 사람들이 있다는 거 더 열심히 공부하고 싶게 만든다. 그리고 너무나도 낯설지만 좋은 곳에 소속된 느낌을 들게 한다. 그래서 더 좋아진다.

이순신 장군 거북선이 여기에?

콜롬비아 카르타헤나에서 만날 수 있는 이순신 장군님의 거북선. 2008년에 국가보훈처가 한국전 참전 국가인 콜롬비아 정부에 기증한 것이다. 14시간의 시차가 나는 이곳에서 거북선과 함께 펄럭이는 대한민국 국기를 만난다는 것은 너무나 반가운 순간이다.

콜롬비아는 우리나라 전쟁 때 남미에서 유일하게 도와준 나라. 이곳을 찾느라고 카르타헤나 센트로를 다 뒤지고 다녔다. 그래도 찾고 나니 콜럼버스가 된 것처럼 기분이 굉장히 좋다.

새로운 여행친구 우쿨렐레

매일 밤 여행자와 현지인들이 모이는 곳은 '트리니다드 광장'. 카르타헤나를 방문한 여행자라면 모두가 아는 꽤나 유명한 장소이다. 이곳에서는 외국인, 내국인 모두 맥주를 마시며 시간을 보내는데 앉아만 있어도 많은 친구들이 와서 인사를 건네 다양한 친구들을 만날 수 있다. 그중 색소폰을 부는 디에고는 나를 보자마자 한국인이냐며 반가워했다.

"나는 바랑키야 도시에서 한국인을 만난 적이 있어. 정말 재밌고 좋은 친구여서 한국에 관심이 생겼어. 그런데 또 다시 한국인을 만나다니 너무 좋다"

디에고는 다른 도시에서 한국인을 만난 적이 있다며 자신의 친구에 대해서 설명했다. 자신이 만난 한 친구로 인해 한국인에 대한 호의적인 감정을 갖고 있다니 그를 실망시키고 싶지 않다는 생각이 들었다. 이 광장에는 다양한 버스커들이 버스킹을 하는데 기타를 치며 노래한다.

"디에고, 나는 항상 기타가 배우고 싶었어. 근데 기타는 너무 커서 여행 다닐 때 불편하겠지?"

"그렇다면 너에게 잘 어울리는 악기가 있어. 나랑 내일 가볼래?"

다음 날, 그를 따라 악기 판매하는 곳에 가서 나의 여행 버디 우쿨렐레를 손에 넣고 말았다.

콜롬비아는 생각보다 빈부격차가 너무 심해서 물 하나 사먹기 힘든 사람, 신발 없이 다니는 사람들을 종종 볼 수 있다. 그중에서 경제 악화로 베네수엘라의 많은 이민자들이 살고 있는데, 한국에서 살 때는 상상도 하지 못했던 것들이 실존하고 있다. 우리 어학당에서는 주 1회씩 자원봉사 학생들을 모집해서 아이들에게 필요한 물건을 직접 구매하고 방문한다. 학원 근처 가게에는 모든 물건이 1개당 5000mil(약 한화 2000원). 한국에서 커피 두 잔이면 5명의 아이들에게 5개의 축구공을 선물할 수 있다. 학원에서 매번 같은 곳을 방문하는 것 같아 길거리에 살고 있는 난민들을 도와주고 싶은 마음에 SNS에 글을 올렸다.

'커피 한 잔으로 아이들에게 2개의 축구공을 선물할 수 있어요. 14시간 차이나는 나라의 아이들에게 소중한 선물을 원하시는 분은 메시지를 주세요'

시간이 얼마 지나지 않아 40만원이 모금되었다. 그 중 사물놀이를 함께 했던 심쿵덩쿵 크루, 나의 친구들, 전 직장 동료들, 나를 모르지만 입금해주신 소중한 분들의 마음을 담아 아이들에게 선물을 건넸다. 그중 몇몇의 친구는 학용품을 선물해달라는 이야기를 건넸다. 내 사람들의 마음이 이들에게 고스란히 전해지길 바란다.

가장 보통의 오늘 (어느 날의 일기)

벌써 카르타헤나에서 지낸 지 한 달이 지나간다. 모든 것이 다 행복한 요즘, 시간이 제발 천천히 갔으면 좋겠다. 여행을 하면서 꼭 한 도시에 길게 머물고 싶다는 생각을 했었다. 그런데 카르타헤나에서 이 꿈을 이룰 수 있다니 꿈같다. 모든 것이 원래 계획한 것 같이 시간이 흘러갔다. 이곳에 둥지를 틀고 지내면서 내 안에 큰 욕심들은 비워지고, 사소한 욕심들이 점점 생기기 시작했다.

하루 빨리 스페인어도 빨리빨리 늘었으면 좋겠다. 다양한 색으로 물들여진 모든 건물들. 카르타헤나 센트럴은 모든 곳이 너무나 화려해서 항상 여행하는 기분이다. 성벽 안은 모든 곳이 알록달록하다.

@yurikamdc

나는 한국 친구가 있어

비보이 친구들과 친해지게 되면서 비보이 대회도 자주 가게 되고, 카르타헤나에 살고 있는 대부분의 비보이 친구들을 알게 되었다. 그중 울바니라는 친구가 있는데 슬랭을 많이 써서 스페인어를 쓸 때 가장 알아듣기 힘든 친구이다. 그런데 어느날 가방에 한국 국기를 달고 나타났다.

"어!!!! 울바니 너 이거 뭐야?"

"나 한국 친구 있거든"

그 한국친구 바로 나다. 울바니의 여자친구 말로는 나를 만나기 전 날 밤에 한국 국기를 어디에선가 구해와서 가방에 바느질을 했다고 했다. 무뚝뚝해 보였는데 그렇게 울바니와 점점 가까워졌다. 한국 문화에 대해 알려주고 싶은 마음에 집에서 김밥을 만들고 울바니와 울바니의 여자친구를 집에 초대했다.

"나 이거 처음 먹어봐"

"이거는 스시랑 비슷하지만 한국 음식으로 김밥이라고 해" 친구는 배가 불러 보였지만 낯선 음식을 꾸역꾸역 다 먹고 남은 김밥을 집에 가져갔다. 그리고 다음날 배탈이나서 춤 연습에 나오지 않았다.

처음 경험하는 한국 문화가 울바니에게 특별하게 기억되었으면 좋겠다.

'언젠가는 네가 방문할 한국이라는 나라에 조금 더 가까워진 것을 축하한다. 친구야.'

내 사랑 별이

여행을 떠날 때마다 가장 마음에 걸리는 건 나의 반려견 '별이'이다. 3개월 때부터 함께 하게 되었는데 별이는 내가 지어준 이름으로 평생을 사랑받으며 살았다. 여행을 떠나오기 전 심장이 좋지 않은 별이 탓에, 내 방에 CCTV까지 설치했다. 나와 지낸 11년 동안 별이의 시간은 나보다 빠르게 흘러갔다. 여느 때와 마찬가지로 어학당에 가기 위해 일어났는데 핸드폰이 울렸다.

'별이 무지개 다리 건넜어'

갑작스러운 소식에 눈물조차 나지 않았고 머릿속이 새하얘졌다. 곧장 학원대신 교회로 향했다. 나는 그곳에서 기도하며 별이를 데리고 산책하는 상상을 했다. 네가 가장 좋아하던 한강, 좋아하는 음식, 내 품 모든 것을 상상했다.

'언젠가는 나중에' 라고 생각했던 순간 앞에 마주하니 모든 것이 허무해져버렸다. 앞으로는 더 현실에 충실해야겠다.

별이야, 우리 가족으로 살아줘서 너무 고맙고 사랑해, 너를 통해 많은 날들이 행복했어.

아, 나 콜롬비아지

콜롬비아의 도시 바랑키야 여행 후 오랜만에 밤 버스를 타고 이동한다. 새벽에 도착한 곳에서 일반 차를 두 번 갈아타고 라구하히라(La guajira)에 도착했다. 이 곳은 특이하게 일반 차를 택시처럼 이용한다. 물론 외국인들이 이용할 수는 없을 것 같은 시스템이다. 나는 현지 친구랑 여행을 했기 때문에 위험을 감수하고 다닐 수 있었다. 하지만 혼자서는 다시 오지 못할 것 같다. 차를 타고 가는 동안 몇 번이나 경찰들이 차를 멈춰 세웠고 마약 검사를 했다.

'아, 나 콜롬비아지…'

이곳은 오일 부자 베네수엘라와 30분 거리에 있는 곳이라서 베네수엘라에서 오늘자로 날아온 신문들, 맥주, 음식도 많이 팔고 있고 가솔린을 길에서 엄청 싼 가격에 판매한다. 심지어 도로에서는 말부터 시작해서 다양한 교통수단을 볼 수 있다. 마치, 영화를 보는 기분이다. 이 시골스러움에 나는 마냥 신났다.

콜롬비아는 말부터 시작해서
툭툭이 등 도로에서
다양한 교통수단을 볼 수 있다.
서울에서 보기 힘든 말을
도로에서 볼 때마다
소리를 질렀던 나는 이제
어느 곳에서든 쉽게 볼 수 있는
말이 꽤 익숙해졌다.

인디헤나 와유족의 마을

콜롬비아 인디헤나 와유족이 사는 마을로 향했다. 가는 방법은 아무것도 없는 사막만 달리면 된다.

이렇게 도착한 마을 '까보 데 라 베라(Cabo de la vela)'

"이곳은 1박에 얼마에요?"

"큰 해먹에서 잘거에요? 작은 해먹에서 잘거에요?"

숙소에는 방이 없고 해먹들이 나란히 있었고 큰 해먹이 가격이 좀 더 비쌌다. 다행히도 텐트를 칠 곳을 마련해 주셨다. 타이로나 국립공원에서 사용하려고 챙겨 온 텐트는 이 곳에서도 잘 활용했다. 바다 앞에 집들이 몇 채 있는데, 이것이

바로 해먹 호스텔이다. 방은 없다. 해먹은 크기마다 가격이 다르고 텐트 소지자는 1박에 5000Peso(약 2000원) 여기도 물이 귀하다. 텐트 옆에 있는 바켓으로 1인당 1개씩 샤워를 할 때 사용할 수 있다. 나는 어느새 머리부터 발끝까지 샤워하는 스킬이 향상되어 있는 나를 발견한다.

이곳은 와유족이 살고 있는 콜롬비아 해변가 작은 마을이다. 메마른 땅 위에 나무로 지어진 집들이 듬성듬성 많은 와유족 아이들이 팔찌와 모칠라백을 판매한다. 주민들은 와유족 언어와 함께 스페인어를 사용한다.

라구하히라는 모칠라의 고향. 와유족만의 전통적인 방법으로 만드는 가방인데

콜롬비아에서는 남녀 구분하지 않고 대부분의 사람들이 이 가방을 메고 다니는 모습을 볼 수 있다. 남미를 여행하면서도 많이 찾지 않는 곳이지만 개인적으로 정말 추천한다. 물론 위치상 멀기도 하지만 굉장히 특별한 곳. 콜롬비아의 인디헤나 와유족들이 사는 마을을 경험할 수 있다.

20,000ml(한화 약 7000원)이면 기사 포함한 모토 택시를 렌트할 수 있어서 세상 예쁜 카리브해 4곳을 방문할 수 있다. 미국 사막, 아프리카 사막, 호주 사막, 남미 사막, 나한테 모든 사막은 너무 건조하고 뜨겁다. La Guajira는 카르타헤나보다 더 뜨거워서 두통을 달고 살았다.

타이로나 국립공원

타이로나 국립공원에서 2박 3일이나 있었는데 사진이 별로 없다. 왜냐하면 전기가 24시간 들어오지 않기 때문이다. 이곳에서 낮에는 산을 타고, 국립공원 바다 등을 걷느라 충전 못하고, 저녁에는 전기가 들어오지 않아서 전자 제품 충전을 못했다. 나름 이런 생활을 즐기고 있었다.

타이로나 국립공원에서 집 짓고 코코넛 따먹기! 싱싱한 코코넛을 먹을 수 있었다. 트래킹을 마치고 텐트로 돌아와서 바로 샤워를 했어야 했는데 생각보다 빨리 전기가 끊겼다. 샤워는 다음 날로 미루고 나뭇가지를 모아 불을 피워 음식을 하던 중 장대비가 쏟아졌다. 비가 오는 날씨를 좋아하지 않는데 친구와 함께 야외로 뛰어나가서 비 샤워를 했다. 가볍게 여행을 하다보니 낯선 것들에 대한 경계가 사라져버린다.

팔로미노(Palomino) 사진으로 보고 바다색 너무 예뻐서 왔더니 파도가 미쳤다. 그래도 여기는 바다가 보이는 강에서 물놀이를 할 수 있다. 타이어 튜브 타는게 이곳의 인기 투어. 발바닥이 푹 푹 빠지는 바다 모래사장을 걷다 보면 어느새 강과 바다가 만나는 곳에 이르게 된다. 서로 많이 다른 듯하면서도 비슷한 강과 바다. 너와 나 그리고 우리의 삶과 비슷하게 느껴진다.

이곳의 인디헤나는 핸드폰 이용도 하고, 술 취해서 해롱해롱하기도 하지만 새하얀 옷을 입는 그들만의 문화를 따르는 모습이 너무 좋다.

이 곳에서부터 캠핑 라이프가 다시 시작된다.

내 그림 값은 무료 숙박

여행을 하면서 그림을 그리며 돈을 벌고 있다는 미국 친구를 만났다. 이 친구는 세계일주 중인 디자이너인데 여행을 하며 호스텔, 호텔, 레스토랑 등에 그림을 그려주는 작업을 계약하고 그림을 그리며 여행을 한다고 했다. 이 일은 돈을 벌기 위함도 있지만, 전 세계 모든 곳에 자신의 작품을 남기고 이 모든 것을 자신의 포트폴리오로 기록한다는 그녀의 마인드가 더 멋져 보였다. 친구에게 나도 그림을 그리는 것을 좋아한다고 하며 수첩에 그린 그림 몇 개를 보여줬다. 이후 친구는 팔로미노 호스텔에 있는 직원에게 나에 대해 말했고 나는 그렇게 호스텔 대문 앞에 걸어 놓은 그림을 그리기 시작했다.

'어떤 그림을 그려야 할까?'

고민 끝에 세계를 표현하는 지구의 모습과 스페인어와 각 나라 언어로 '환영한다'를 표현했다.

물론 한국어는 제일 첫번째로 썼다. 이곳을 방문하는 한국인의 수는 매우 적겠지만 그래도 이 작은 도시에서 한국어를 보면 꽤나 반가울 테니까 말이다. 그림 값 대신 호스텔 주인은 나와 친구의 숙소비를 받지 않았다.

캠핑 라이프 다시 시작. 이곳은 콜롬비아의 해안가. 우쿨렐레와 베네수엘라 맥주가 있으니 부자가 된 기분이다. 리오아차에서 베네수엘라 맥주인 폴라시따 약 20병과 보드카를 사서 가방에 메고 여행을 다니기 시작했다. 카르타헤나로 돌아가면 하우스메이트인 미국 친구 윌에게도 선물하고 싶어서였는데, 가방이 너무 무거워서 매일 밤 마시고 말았다.

산타 마르타

'삐익~ 삐익~'

캠핑생활을 하며 여행을 하다 오랜만에 산타마르타 도시로 돌아와서 호텔에서 편하게 누웠다. 그런데 밤에 괴상한 소리가 계속 들렸지만 무서워서 확인하지 못했다. 밤새 울던 수상한 소리의 정체는 다음 날 일어나보니 호텔에서 키우는 앵무새 울음소리였다. 방문을 열어놓으면 이 초록 앵무새가 내 방에 들어와서 놀자고 애교를 부린다. 카리브해에는 앵무새가 굉장히 많다. 길을 걷다 가도 나무에 새까맣게 앉아있는 새들을 자세히 보면 작은 녹색 앵무새들이다.

흘러가는 대로

밍카(Minca)라는 아주 작은 마을 큰 폭포 옆에 세워진 그물카페. 이곳을 방문하고 싶어서 차가 다니지 않는 숲 속을 한 시간 넘게 헤맸다.

무계획 여행은 정말이지 어떻게 흘러갈지 모른다. 마치 계획하며 사는 우리들의 인생처럼. '항상 좋은 일만 있을 수는 없겠지만, 항상 긍정적인 마인드는 잊지 말자. 그리고 특별한 날들의 하늘도'

이곳은 시골 중에서도 시골.

버스가 안 다녀서 숲 속을 두 시간 걸어 다녀야하는 곳이다. 그래도 계속 더운 여름 날씨에서 지내다가 찬 바람이 부니까 쌀쌀하니 좋다.

콜롬비아에 남긴 흔적 한글

콜롬비아 여기 저기 흔적 남기기. 두 번째 나의 그림을 남긴 곳은 '라울이 어디 있지?'라는 이름의 레스토랑 겸 캠핑공간을 제공하는 곳이다. 작아도 너무 작은 밍카(Minca)에 도착하자마자 눈에 보이는 캠핑 장소에 갔다. 주인 아저씨는 우리에게 캠핑 장소를 제공하지만 화장실과 샤워실은 앞에 있는 계곡이라고 말했다. 나는 정말 장난인 줄 알았다. 그리고 너무 힘든 나머지 이곳에서 머물겠다고 계곡 바로 앞, 가게 아래 층에 텐트를 폈다.

'그런데, 이게 웬일?'

이곳은 정말 화장실과 샤워실이 없는 자연 그대로의 장소이다. 내가 이 도시에 온 가장 큰 이유는 투칸을 보고 싶어서다. 투칸을 보고 온 날, 나는 신이 난 나머지 벽에 그림을 그리고 싶었다. 아저씨는 내가 원하는 것을 그리게 해주셨고 다양한 물감과 붓을 내주셨다. 신이 난 나머지 나는 투칸 한 마리와 한글로 콜롬비아를 벽에 새겼다. 이 모습을 신기하게 생각한 동네 주민들이 모여들었고 옆집 베네수엘라 친구는 내가 그리는 것을 돕고 싶다며 색칠하는 것을 거들었다.

남미로 여행을 오기 전 예쁜 사진을 보면 항상 열광했던 내 모습이 떠오른다.
사진 속, 저 곳에 '내가 언제쯤 갈 수 있을까'생각하며 콜롬비아는
위험천만한 곳으로 다른 세계 이야기! 줄 알았다. 직접 와서 보니 내가 생각했던
이미지와 별로 다르지 않을 정도로 항상 긴장하며 다녀야 하는 것은 사실이다.
하지만 이곳을 여행하며 산다는 것은 꿈만 같다.
콜롬비아 중에서도 365일 꽤 더운 날씨로 유명한 휴양지에서 내가
6개월째 스페인어를 배우며 항상 로컬 사람들과 어울리고 있다니 말이다.
가끔은 삶이 흘러가는 대로 따라가는 것도 꽤나 매력적이다.

어려운 이별

'결국, 나도 카르타헤나를 떠날 날이 오는구나'

카르타헤나에서의 마지막 날. 오전에 보고타행 비행기를 타며 얼마나 울었는지 모른다. 많은 사람들에게 받은 사랑과 6개월 동안 정든 콜롬비아, 카르타헤나. 꼭 다시 방문할 건데 왜 이렇게 섭섭한지. 이 사랑스러운 도시에서 사랑하는 친구들이 나를 위해 마지막 날 파티를 열어줬다. 얼마나 고마운 일인지 모른다. 처음 해보는 바비큐 파티를 준비하느라 고생하는 모습까지 너무나 사랑스럽게 느껴졌다. 새벽 2시가 되어 저녁을 먹게 되었지만, 세상에서 제일 맛있는 식사였고 너무나도 고마운 날이었다. 이 시간은 평생 기억에 남을 것이다.

1년이 넘어가는 장기 여행을 하다 보니 많은 경험도 경험이지만 많은 생각을 하게 된다. 우리 가족을 내가 선택한 것이 아닌데도 불구하고 나는 너무나도 행운이 가득한 사람처럼 많은 사랑을 받으며 자라왔고, 많은 사랑을 나누는 법을 배우며 자라왔다. 아직도 많은 곳에서는 도움을 필요로 하고 많은 것을 갖지 못한 채 많은 사람들이 살고 있다. 마음이 아플 때도 많지만 내 삶이 고맙게 느껴지기도 한다.

세계 곳곳 여행하며 많은 사람들과 만나고
헤어짐을 반복한다. 만남은 매번 반갑고 아쉽지만
이러한 순간들은 항상 가슴을 뜨겁게 한다.
많은 사람들에게 있어서, 많은 장소에
나의 멋진 흔적들을 많이 새겨 두고 싶다.

베네수엘라 & 콜롬비아 친구들이 준비해준 저녁 파티

날 이렇게 기억해 줘

여행을 하면서 느끼는 것 중 하나. 한국어는 참 예쁘다. 예쁜 한국어를 많은 사람 들에게 소개하고 싶다는 생각을 했다. 그동안 고마웠던 사람들에게 기억되고 싶은 마음에 친구들의 이름을 한글로 새겨 뺏지를 만들어 선물했다. 내가 카르타헤나에서 만난 친구들은 대부분 비보이 친구들이라서 닉네임 그대로 뺏지를 만들어줬다.

한국 비보이 분들 세계 대회에 나가서 이 한글 뺏지 있는 친구들 보면 반겨주세요!

✈ 콜롬비아 1일 대학생 되어보기

카르타헤나에서의 생활을 접고 콜롬비아 수도인 보고타로 돌아왔다. 내가 얼마나 행운아냐면 어느 나라, 도시를 가도 나를 반겨줄 수 있는 가족과 친구들이 있다는 것. 카르타헤나에서 만났던 포토그래퍼 줄리안이 내가 보고타로 다시 돌아간다고 하니까 대학교에 초대하고 싶다고 했다. 그의 학교에 외부인 초청을 받아서 나는 이 날 영화 관련 클래스에 1일 동안 수업을 받았다. 우연히 보게 된 콜롬비아 독립영화는 다소 이해하기 어려웠으나 히스토리를 좀 더 이해할 수 있는 소재의 영화였다.

감독님들과 촬영하는 순간에도 콜롬비아 어디 어디 다녀 봤니 등의 질문을 많이 받았다. 문예창작학과 출신의 글쟁이인 나로서는 시나리오 작성 수업이 흥미로웠는데 어렵고, 전문적인 단어들이 난무하는 수업은 역시나 피곤했다. 다음은 대학 생활의 꽃 학식! 보고타 Agustinia University 학식 맛있다.

✈ 아니라는 말은 하지 않을게

화려한 삶을 기대한 적은 없다.

"너는 왜 이렇게 자유로워? 도대체 어떻게 하면 너같이 자유로울 수 있니?"

가끔은 칭찬을 가끔은 따가운 충고를 받는다. 나 자신에게 있어서 하고 싶은 거 하면서 사는 게 가장 큰 선물이라고 생각하는데, 항상 행복한 순간만 있지는 않다. 그래도 이렇게 열린 마인드로 바르고 씩씩하게 클 수 있게 해준 하나님과 부모님께 감사드린다.

먹고 싶을 때 먹을 수 있고, 자고 싶을 때 잘 수 있고, 하고 싶은거 할 수 있는게 얼마나 큰 기쁨인지, 요즘 따라 더 크게 느껴진다. 난 여전히 화려한 사람보다 따뜻한 사람이 되고 싶다. 이제 어느덧 익숙해진 남미를 정말 떠날 시간이 왔다. 10개월이라는 기간의 남미 생활은 생각했던 것보다 훨씬 더 아름다웠으며, 순수 한 나의 모습을 발견할 수 있던 소중한 시간이었다.

나는 그곳에서 좀 더 솔직해졌다. 이제는 정말 또 다시 혼자가 된다.

특별한 깜짝 선물

캠핑 라이프 시작

우유니에서 만난 태극기

콜롬비아 미녀 친구들

페루 전통 옷 체험

바뇨스 친구들

또 만나자 페루!

루카와 커플 헤나

이카의 과거 흔적

한글 이름 선물하기

알파카 가족

다시 만난 우리

$1 엠빠나다

하늘 끝까지

너희의 첫 번째 김밥

우유니 속의 잉카콜라

8월 15일

카르타헤나

아마존 식물

학생의 삶

카르타헤나 표현하는 예술가

귀여운 알파카

사진작가 줄리안이 그려준 나

여행 준비 완료

첫 번째 캘리그라피

카리브해의 일상

집 같은 트리니다드 광장

베네수엘라 맥주 폴라시따

자연을 닮은 레오

따뜻한 카리브해

하나의 일상, 학교

비보이 대회

메데진 가족

돈으로 만든 인형

칠레 국경

콜롬비아 국기

고마운 비보이 친구들

선생님들 선물

한국 좋아하는 페루소녀

Cuba

쿠바... 첫날, 생고생 스토리

나는 어느 때와 마찬가지로 아무런 정보 없이 공항에 도착했다.
'일단 돈을 인출하고 인포메이션 센터에 가야지' 하고 생각했는데, 어쿠! 카드
에서 돈이 뽑히지 않는다. 처음 여행을 시작했을 때 총 3장의 카드가 있었다. 그
런데 볼리비아에서 1장, 에콰도르에서 1장을 도난 당했다. 그 후 마지막 한 장 밖
에 없는 귀한 카드를 사용할 수 없다니. '난 이제 사용할 수 있는 카드가 한장도
없단 말인가!' 쿠바가 미국과 관련된 것들이 단절되었다는 건 알았지만, 씨티카
드로 쿠바 어느 곳에서도 돈을 인출하지 못할 것이라고는 상상하지 못했다.

쿠바 아바나 공항에서 ATM 기에 계속 카드를 넣었다 뺐다를 반복하자 직원이 다가와서 한 마디 했다.

"시내에 가면 현금을 인출할 수 있을거예요"

'현금이 없는데, 택시를 어떻게 타지' 고민하는 사이에 택시 기사 아저씨가 다가왔다. 아저씨는 내사정을 듣고, 카드 인출이 가능한 곳을 찾아준다고 했다. 보통 공항에서 숙소(Casa)까지 이동시 20 쿡(한화로 약 20,000원)이니 동일하게 지불하라고 했고, 합승객 두 명을 한참 기다리다 출발하게 되었다.

아저씨는 나를 데리고 은행이라는 은행은 다 데리고 다녔다. 하지만 어느 한 곳도 돈을 인출할 수 있는 곳은 없었다. 이 긴급상황에서 눈치 없게도 왜 이렇게 배가 고픈지 아저씨에게 배가 고프다고 말했다. 아저씨는 내가 불쌍해 보였는

지 레스토랑에 데려갔고, 나는 현금을 갖게 되면 택시비와 함께 전부 챙겨드려야겠다고 생각했다. "돈을 인출하지 못하면 우리집에서 지내도 괜찮아. 나에게는 네 또래의 딸이 있어서 아바나를 구경시켜줄 거야. 떠나는 날 바라데로 공항까지 무료로 데려다 줄게"

정말 호의를 베푸는 착한 택시 기사 아저씨일 수도 있지만 아저씨가 자꾸 몸을 은근 슬쩍 터치하는데 점점 무서워졌다. 연세가 있으신 분이라 전혀 의심조차 하지 않았고, 콜롬비아 카리브해 카르타헤나에서 6개월을 거주한지라 캣콜링 따위 우습게 받아칠 수 있는 나라고 생각했다. 그런데 낯선 곳이라 두려움이 먼저 다가왔다. 이런 긴급상황에서 어떻게 해야 할지 혼란스러웠다. 이때 갑자기 생각난 것이 콜롬비아에서 쿠바로 떠나오기 전 미리 캡처해 둔 숙소였다.

"아저씨, 나를 호와끼나 숙소에 데려다주면 한국인들이 도와줄 거예요. 그곳에 가면 택시비를 꼭 드릴게요." 아저씨는 나를 숙소까지 데려다 주셨다. 숙소에 도착 하자마자 나는 전 재산인 큰 가방을 택시에 두고 숙소로 뛰어올라갔다.

한국인에게 유명한 숙소인데, 한국인 한 명 정도는 나를 도와줄 것이라 확신했다. '똑똑똑' 아무리 문을 두드려도 아무도 나오지 않았다. 아저씨에게 나는 이곳에서 기다릴테니 이틀 뒤 오후 한 시에 이곳에 오면 꼭 택시비를 건네 주겠다고 했다. 하지만 아저씨는 걱정된다며 자꾸 자기네 집으로 가자고 했다.

마침 그때, 내 눈 앞에 천사가 나타났다. 숙소 주인 테레사가 발코니로 나와 나를 보며 손을 흔들었다. 나는 너무 기쁜 나머지 2층으로 다시 뛰어올라갔고, 내 상황을 설명했다. 테레사는 친절하게도 나에게 진정하라며 다독여줬고, 이곳에 현재 한국인이 5명 머물고 있으니 걱정 말라고 했다. 그 후 배낭을 가지러 내려가는데, 갑자기 테레사가 따라 내려왔다.

택시 기사 아저씨는 내가 해결방안을 찾은 것을 보고 매우 서운해했는데, 그 모습이 엉큼했다. 현실을 직시한 나는 고마움보다 두려움이 더 컸기 때문에 얼른 그 자리를 피하고 싶었다. 테레사와 함께 다시 숙소로 올라가며 택시 아저씨가 했던 모든 말을 전했다.

"쿠바노가 예쁘다, 예쁘다. 하는 것과 몸을 조금이라도 터치하는 것은 의미가 달라. 항상 조심해야 해. 내가 택시비를 먼저 줘도 되니?"

테레사는 나의 대답을 듣자 마자 발코니로 달려가 택시 아저씨를 불러 세웠다.

"20쿡 여기 있어요. 이곳에 다시 안 와도 됩니다."

그녀는 2층에서 1층에 있는 아저씨에게 택시비 20쿡을 던져주었다. 그 순간

만큼은 나만의 슈퍼우먼 같았다. 나의 쿠바여행 첫날은 정말 다사다난 했지만, 결국 또 나는 너무 따뜻한 사람을 만났으며, 큰 사랑을 받게 되었다.

"이곳까지 오느라 많이 고생한 것 같네. 따뜻한 물로 샤워를 하면 기분이 좀 나아질거야. 한숨 푹 자"

테레사는 이 방 중에서 제일 편한 침대라며 자리를 골라준 다음 한숨 자라고 했다. 다시 혼자가 된 나에게 너무나도 따뜻한 천사가 이렇게 빨리 찾아올 줄이야. 나는 그녀의 말대로 살이 따가울 정도로 더운 날씨에 따뜻한 물로 샤워를 하고, 시원한 방에서 세상 모르게 오랜 시간 잠이 들었다.

900원짜리 피자

한참을 자고 밤늦게 일어났는데 이놈의 배는 왜 그렇게 고픈지, 저녁을 안 먹은 탓이긴 했지만 나는 여전히 쿠바 돈이 없었다. 12시가 되었는데도 한국인은 한 명도 들어오지 않았고, 같은 방에 한 일본 친구랑 이야기를 나눴는데, 이 친구는 쿠바 다음 콜롬비아로 여행을 간다고 했다. 나는 그 친구에게 내 사정을 얘기하고 콜롬비아 돈과 쿠바 돈을 조금 바꿨다. 이렇게해서 나에게는 한화로 약 900원의 돈이 생겼다. 돈을 챙겨 들고 바로 거실에 나가서 테레사의 남편인 카를로스에게 문을 연 식당을 물었고, 숙소 근처를 추천해줬다.

"숙소와 5분거리에 저렴하고 맛있는 피자를 파는 레스토랑이 있어"

남미에서는 12시 넘어서 혼자 다니는 것은 꿈도 못꿨는데, 쿠바는 다른 중남미 국가보다 안전하고, 카를로스도 위험하지 않다고 해서 12시가 넘었지만 혼자 피자를 사러 길을 나섰다. 식당으로 가는 길이 좀 후미진 골목이라 나도 모르게 콜롬비아에서 살던 습성이 나왔다. 무섭다고 느낄 때 나는 걷지 않고 무조건 뛴다. 피자의 가격은 약 900원으로 매우 저렴하지만, 테이크 아웃을 하려면 돈을 추가로 내야 한다. 숙소에서 5분 거리기도 하고 돈이 얼마 없어서 포장하지 않고, 피자를 그냥 들고 숙소까지 뛰어갔다. 숙소에 도착한 내 피자 위에 얹혀 있던 초리소(햄)는 모두 가운데로 쏠려 있었다. 피자는 생각보다 매우 짰지만, 하루가 매우 고단하고 길었던 나에게는 너무 맛있게 느껴졌다. 낮잠을 많이 자서인지 잠도 잘 오지 않고 오랜만에 다시 혼자가 되어 외로운지 잠을 자기가 싫었다. 숙소에 있는 쿠바 책을 하나하나 뒤적거리며 남은 피자를 마저 먹었다. 쿠바여행 첫날은 이렇게 시작되었지만, 이 안에서 만난 소중한 인연들로 인해 또 한번 감사함을 느끼는 하루가 되었다. 여행 전 기대가 별로 없던 나라인데, 꽤 흥미로운 나라가 될 것 같다.

나에게 쿠바 아바나의 이미지는 카메라 필터 같은 색감을 갖고 있다. 이미 너무 화려하고, 밝은 색상들이 도시에 가득하기 때문에 그냥 잘 어울리기만 하면 된다. 어떠한 색을 가진 사람이라도 이곳에 머물게 된다면 자신의 색을 잘 흡수시킬 것 같은 도시이다. 현지 돈이 생기고 나니까 쿠바 아바나의 분위기가 눈에 들어오기 시작했다. 쿠바는 여행이 끝나고 나니 기억에 많이 남는 곳이다. 특히 매연으로 코가 막히고 재채기하는 것이 일상이기는 했지만, 어느 곳을 가던 멋지게 줄 서 있는 올드카들의 모습이 가장 기억에 남았다. 이제 숨 좀 쉬겠다.

내가 태극기를 만든 이유

"고마운 마음을 전하고 싶은데, 혹시 갖고 싶은 그림이 있어요?"

"우리는 태극기가 갖고 싶어. 우리에게 태극기를 만들어 줄 수 있니?"

숙소 주인 부부에게 많은 도움을 받았기 때문에, 혹시 도움이 될 게 없을까 고민하다가 그들에게 원하는 그림이 있냐고 물었다. 나는 세계를 떠돌면서 여러 나라에서 미술용품을 구매하고 이곳저곳에 그림을 남기는 것이 취미가 되었기 때문이다. 그들은 우리나라 국기, 태극기를 갖고 싶어 했다.

'음, 태극기를 어디에 어떻게 그릴 수 있을까?'

우리는 거실에 앉아 함께 고민했다. 그러던 중 시크한 카를로스가 나를 불렀다. 그의 손에는 베개커버가 들려 있었고 나를 바라보며 씨익 웃었다.

"오케이! 아마도, 나는 베갯잇에 태극기를 그릴 수 있을 거야! 네가 원한다면"

'그래, 어디든, 무엇이든 먼저 도전하는 것이 중요하지, 나의 막무가내 정신 하나 만 있다면!' 이렇게 쿠바에서 나의 태극기 그리기가 시작되었다. 그동안 여행하면서 그림을 그리며 모아둔 물감을 모두 가지고 나왔다. 일단 베갯잇에 태극기 스케치를 했다. 그리고 알록달록 물감이 베갯잇 결에 번질까 조심히 색칠을 했다. 생각보다 천이라 그런지 계속 번지고 요령을 터득하는데 좀 시간이 걸렸다. 이 숙소는 한국인과 일본인이 가장 많은 숙소, 일본 국기도 있으면 좋겠다고 하셨다.

'까짓것 뭐 빨간 점 하나 찍으면 되니까 모두가 행복하다면야!' 하는 마음에 국기를 2개나 그리게 되었다.

그들은 나의 태극기가 밖에서 잘 보일 수 있게 베란다에 걸고 싶어 했다. 국기 옆에 '환영합니다'라는 문구를 추가했다. 계속 번지는 태극기를 덧칠하며 '내가

왜 사서 고생을 했을까?' 하는 생각이 들었지만 점점 완성 되어가는 우리나라 국기는 꽤나 멋졌다. 이렇게 내 손에서 만들어진 국기는 물감이 말라야 하기 때문에 하루는 의자에서 푹 잠을 자고, 다음 날 베란다 창문 쪽에 걸었다. 많은 한국 사람들이 내가 만든 태극기를 보고 좀 더 쉽게 숙소를 찾고, 즐거워지면 좋겠다. 이후, 세계일주가 끝나고 한국에서 트래블러 쿠바편을 보는데 류준열 배우가 쿠바를 여행하며 아바나 한복판에있는 내가 그린 태극기를 발견하고 이 숙소로 들어가게 된다.

"어? 태극기? 신기하다!"

TV 에서 그의 한 마디와 함께 태극기가 방영된 후 많은 메시지를 받게 되었다. 내가 공유했던 순간들을 대한민국 시청자들이 함께 하고 알아봤다는 신기함과 감동이 몰려왔다. 이제는 숙소마저 집처럼 편해졌다. 방 안 창문에서 보는 뷰마저, 예술이다. 숙소 주인 부부가 너무 잘해 주신 탓에 집에서 지내는 것 같이 따뜻하게 지낼 수 있다. '어떻게 이런 곳을 사랑하지 않을 수 있을까?'

말레꼰 드라이브

쿠바 올드카 하면 가장 먼저 떠올렸던 것은 '핑크색 올드카'. 렌트 방법은 아바나 중심 광장에서 올드카가 모여있는 곳에서 가격을 물어보면 된다. 쿠바는 이미 관광산업이 활성화된 곳이기 때문에 기사들이 먼저 흥정을 시도하는 경우가 종종 있다. 올드카를 소지한 운전자들은 차에 대한 자부심이 대단하다.

내 상상 속에 있던 핑크색 올드카를 발견하고, 말레꼰 석양이 멋있다는 말에 말레꼰 위주로 드라이브를 다녔다. 덜컹 덜컹거리는 안정되지 않은 승차감이 조금 불편했지만, 그래도 오픈카라 시원하니 좋았다. 일몰을 보며 달리는 말레꼰은 꽤나 낭만적이다.

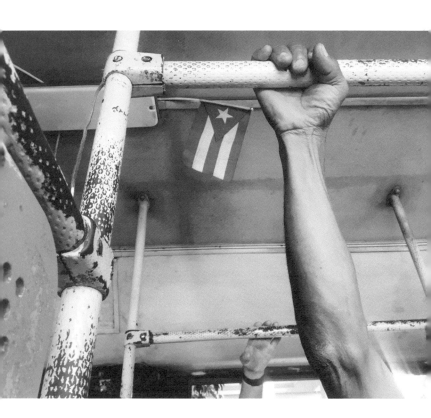

쿠바가 좋아진 이유는 0.50 모네다(한화 200원)를 내고 탄 버스때문이다. 저렴한 로컬 버스를 타는 사람들은 대부분 쿠바 사람들이다. 버스 안에서는 소매치기를 조심해야 한다는 말을 들었다. 하지만 내가 느낀 쿠바 버스는 사람들로 꽉 차 있지만, 그 안에는 따뜻한 온기도 함께 가득 했다.

커다란 내 백팩을 위해 자리를 만들어 주시는 할머니부터 내가 원하는 곳에서 내리지 못할까봐 본인의 일처럼 발을 동동 구르며 친절하게 도와주는 쿠바 사람들, 흰머리 아저씨는 노약자들에게 자리 양보. 서로가 서로에게 양보하는 모습들이 얼마나 아름답게 느껴지던지 30도가 넘는 더운 날씨마저 잊게 한다.

이곳은 생각보다 많은 것들이 정돈되어 있고 사람들의 인식부터 내가 생각했던 쿠바와는 다른 이미지이다. 이래서 여행을 계속하는 것 같다.

많은 경험도 경험이지만, 내가 갖고 있는 많은 편견을 깨기 위해.

'수영복 닳고 닳겠다'

엄마에게 카톡이 왔다. 14개월 동안 나와 함께 세계를 돌아다니는 내 수영복. 당연히 닳고 닳았다. 하지만, 이제는 낡아버린 나의 물건들도 내 여행 벗이 되어 모든 게 소중하게 되었다.

"엄마, 이거 사진에 있는 상의 비키니는 콜롬비아에서 새로 산 거예요. 아직 더 입을 수 있어요"

여행에서 만난 수많은 여행자들이 트리니다드 도시와 승마를 추천해줘서 이 마을에 오게 되었다. 사실 나는 말을 타는게 너무 좋다. 나의 하루를 함께 해준 나의 말. 이름은 '데킬라'이다. 쿠바에서의 하루하루가 지날수록 2주라는 여행 기간이 짧게 느껴졌다. 나는 대부분 아웃 티켓을 끊지 않은 상태로 자유롭게 여행하는 편인데 쿠바는 비자발급 때문에 티켓을 미리 구매했다. 한 달 정도로 넉넉하게 잡고 여행을 했으면 작은 시골마을에서도 더 오래 머물며 지냈을 텐데 아쉬움이 남는다. 계곡 가는 길에 만난 농부 할아버지는 우리를 보자 마자 노래를 불러 주시며 함께 사진 찍고 싶어 하셨다.

한국을 사랑하는 쿠바아저씨

타지에서 한국인만큼 한국을 사랑하는 사람을 만나는 건 신기한 일이다. 트리니다드에 유명한 참외론 아저씨 숙소는 한국인 여행자들에게 인기 만점! 미리 예약하지 않으면 방을 잡기 힘들 정도로 인기가 많다. 나같이 계획 없는 여행자는 아저씨네 숙소에서 머물기 힘들다. 그대신 가까운 곳에 위치한 숙소를 소개해 주서서 그곳으로 가게 되었다. 참고로 참외론 아저씨네는 $10랍스터를 판매하는데 가성비 최고 쿠바 음식이다. 저녁식사로 랍스타를 배불리 먹고, 밤새 숙소에 모여든 여행자들과 무제한으로 제공되는 쿠바 리브레를 마시며 각자의 삶과 여행 스토리를 공유했다. 아저씨는 '한국'과 '한국어'에 관심이 많다.

"아저씨, 저 한국어 과외를 한 적이 있어요. 한국어를 알려 줄까요?"

"네가 한국어를 알려 준다면, 이곳에서 지내게 해줄게"

계곡에 다녀올 때 말을 빌려준 아저씨도 내가 이 곳에서 지낸다면, 함께 일을 하자고 제안하셨다.

'그럼 나는 낮에는 말 타고, 수영하고 오후에는 한국어 과외하고, 놀면 되는 건가?' 생각만해도 짜릿해서 진지하게 고민했다. 하지만 나에게는 독일행 티켓이 있었고, 독일에서 만날 친구 다니엘은 이미 휴가를 냈다. 아쉬움을 달래며 새벽까지 다양한 여행자들과 자신의 세계를 털어놨다. 내가 아는 세계는 전부가 아니다. 더 많은 것을 경험하고 배울수록 더 낮아지고 겸손해지는 법을 배우자라는 생각이 가득했던 날이다.

쿠바 시골마을 히론

'히론'은 인터넷 공원도 설치되지 않은 쿠바의 아주 작은 시골 마을이다. 이곳을 방문하는 대부분의 사람들은 다이빙을 즐기거나 올인클루시브 서비스를 저렴하게 즐기기 위해 휴양을 온다.

히론의 여행자라면 99% 방문할 것 같은 '깔레따부에나(Caleta Buena)'.

나는 이곳에서 큰 물고기들과 수영을 할 수 있다고 해서 오게 되었다. 내가 수영하고 있는 이곳은 앞에 있는 바닷물이 웅덩이로 들어와 생성된 자연 수영장이 있다. 물이 깊고, 무섭게 생긴 물고기가 많은데 역시 카리브해! 바다색이 예쁘다.

나와 함께 지구를 떠도는 내가 가진 전부인 빨간 배낭. 나의 가장 소중한 여행 친구

시가의 고향

알록달록 예쁜 쿠바 국기

어려운 환전

쿠바표 콜라

쿠바 보물 정보북

귀여운 아이들

수고했어 오늘도

기다리기 선수

인터넷카드

푸른 비날레스

눈이 내린 파스타

여기 맛집?

쿠바의 심장

올드카의 일상

아바나 골목

어려운 쿠바 화폐

새벽의 아바나

야경 드라이브

요정 계곡

허밍웨이 단골집

때론 허밍웨이처럼

아바나 내 숙소

물 만난 고기처럼

말 친구들 안녕

900원짜리 피자

당일치기 여행

네가 좋아

우쿠렐레 이름 새기기

시간을 기록하는 사람

내가 그린 쿠바

쿠바 시골마을 산책

쿠바 샌드위치

말타고 계곡가는 일상

혼자 여행의 취미

오늘도 신나게 말레꼰

때로는 나도 휴양지

오늘을 기억하기

또 보자, 쿠바!

004

유럽

Germany

$300 독일행 티켓

나의 여행 일정은 항공권 가격이 정해준다. 시간에 구애받지 않고 하는 장기간 여행의 큰 장점이다. 중남미 이후로 여행할 대륙은 유럽으로 정했는데 국가를 정하지 못했다. 때마침 독일 친구 다니엘에게 연락이 왔다.

"혜진, 아직 옥토버 페스티벌 진행하고 있어서 네가 뮌헨으로 온다면 우리는 더 재밌게 시간을 보낼 수 있을 거야"

독일은 아일랜드에 살 때 이미 여러 번 가봤지만, 옥토버 페스티벌을 가본 적이 없다. 그리고 나는 축제에 한복을 입고 가는 로망을 갖고 있었다. 다니엘과 대화 후 여느 때처럼 항공권 가격을 검색하는데 쿠바에서 독일 뮌헨으로 가는 항공권이 $300(한화 약 330,000원), 딱 하루만 굉장히 저렴한 가격에 티켓을 판매했다. 시간 구애받지 않아도 되는게 자유여행의 매력이다. 굉장히 저렴한 가격에도 티켓을 구매할 수 있으니까 말이다. 그런데 이렇게 구매한 항공권은 9시간 동안 비행하는 내내 기내식을 한 번도 제공해 주지 않았다는 슬픈 소식. 배꼽시계가 울려도 나는 기내식을 사 먹지 않았다.

'내가 언제 이렇게 스크루지 같은 짠순이가 되었을까?'

하늘을 나는 내내 여행에서 만난 소중한 인연들과 추억들을 되새기며 잠을 청했다. 하늘은 컴컴한 밤이고, 비행기 안은 취침시간으로 조명이 꺼졌다.

'나의 몸은 어느 나라의 시간을 기억하고 있을까? 지금 수면 시간일까?'
이미 오래 기간 동안 여러 나라를 여행하며, 여러 번의 시차가 변했다.
지구를 돌고 있지만 가끔은 시간 여행을 하는 느낌을 받곤 한다.

우리는 다시 만날 운명이었어

피곤에 절은 나를 공항으로 마중 나온 의리남 다니엘. 나를 만나자마자 반갑게 포옹하고 데리고 간 곳은 공항에 있는 한 레스토랑. 독일인 답게 맥주와 소시지를 주문한다. 오랜만에 다시 만나는 친구의 얼굴과 맥주는 낯선 땅에 막 도착한 나를 안심시킨다.

다니엘은 남미 여행을 할 때 에콰도르에서 만나 여행을 함께한 친구이다. 처음에는 꽤나 과묵한 친구인 줄 알았지만 짓궂고 의리 있는 녀석이다.

이제는 다른 대륙인 유럽. 다니엘의 세계에서 다시 만났다. 세계 일주를 하다 보면 친구들을 다른 국가에서 다시 만나는 것도 재밌지만 각자의 나라에서 자신의 나라를 소개해 주는 것이 제일 좋다. 친구의 세계를 좀 더 알아가는 기분이 들기 때문이다.

다니엘 부모님이 사시는 동화 속 마을 같은 스트럼펠바흐(strümpfelbach) 집에 도착했다. 밤에 차를 타고 도착해서 잘 몰랐는데 날이 밝고 창문을 열어보니 동화책 속에 있는 것 같은 느낌이 든다. 다니엘의 엄마는 한국에서 손님이 왔다며 이것저것 다 챙겨 주셨다. 나는 아침밥을 먹자 마자 다니엘에게 한복 입고 동네 산책을 하고 싶다고 말했다. 아름다운 한복을 입고 동네 산책을 하는데 마치 동화책 배경을 거니는 것 같다.

Germany ✈ 옥토버 페스티벌

옥토버 페스티벌에 도착했지만, 우리는 텐트가 아닌 밖에서 맥주와 소시지, 각종 독일 전통음식을 먹으며 시간을 보냈다. 축제 공간에서 큰 텐트의 공간을 볼 수 있었는데, 미리 예약을 해야지 들어갈 수 있는 곳이라고 했다. 나는 정말 괜찮은데, 다니엘은 내가 많은 독일인들이 전통 옷을 입고 하나 되어 춤추고 노래하는 축제를 보여주고 싶어 했다. 문을 지키고 서 있는 사람들에게 들어가서 보고만 오면 안되냐고 부탁 했지만 거절당하자 다니엘은 멀리에서 온 내 친구만이라도 텐트 안을 구경시켜 달라고 간청했다.

"그녀는 저 멀리, 한국에서 온 파워블로거에요!"

나는 다니엘의 욕심에 한국 파워블로거가 되었다. 하얀 거짓말 덕분에 텐트로 들어가서 옥토버 페스티벌에 대해 더 자세하게 살펴보며 설명을 들었다.

옥토버페스트(Oktoberfest)
9월 말부터 10월초까지 2주 동안 뮌헨에서 열리는 축제. 1810년부터 열린 세계 최대 규모의 축제 중 하나이다. 독일의 맥주 문화를 몸소 체험할 수 있는 축제.

✈ 지구는 둥그니까

유럽에 도착했더니, 많은 유럽 친구들에게 연락이 왔다. 본인의 나라로 여행을 오라는 메시지들. 유럽에는 든든한 지원군들이 많아서 마음이 편하다. 독일 이후의 일정은 정하지 않았다. 유럽 지도를 보다 보니 룩셈부르크가 보였다. 룩셈부르크는 예전에 아일랜드에서 살았을 때 여행을 가려고 계획을 다했었는데, 아이슬란드에서 화산이 터져버리는 바람에 취소되고 가보지 못한 곳이다. 룩셈부르크로 가는 버스를 찾아보니 벨기에로 가는 길에 약 8시간 쉬어 가는 버스가 있다. 벨기에 친구를 만나러 가기 전 룩셈부르크에서 시간을 보내기로 마음을 먹었다.

"혜진, 너 정말 버스 타고 갈 거야?"

날씨가 점점 쌀쌀 해지는 탓에 다니엘은 나에게 버스 정류장에서 기다리기 추울 것이라고 걱정했다. 문제는 독일에서 새벽에 출발한다는 것. 다행히 버스 정류장은 공항 근처에 위치해 있어서 나는 새벽 3시까지 불 꺼진 공항에서 시간을 보 낼 수 있었다. 장기간 여행을 하다 보니 두려움과 걱정을 많이 잊고 지내게 된 것 같다.

'일단 해보자', '결국 어떻게든 되겠지'

Luxembourg

✈ 룩셈부르크 당일치기 여행

가끔은 혼자만의 시간이 좋기도 하다. 그래도 좋은 것은 같이 보는게 좋다. 이곳은 굉장히 작은데 물가는 왜 이렇게 높지? 룩셈부르크는 생각했던 것보다 더 작은 나라였다. 주어진 시간에 여행을 한다는 것 오랜만에 느끼는 기분인데, 그래도 여유를 유지할 수 있었다.

걸어도 걸어도 비슷한 풍경처럼 느껴져서 언덕에 자리를 잡고 노트와 펜을 꺼냈다. 건물들이 모여있는 선이 너무 아름다워서 기록하고 싶었다. 그리고 주위에 있는 나뭇잎을 모아서 그 해의 가을 옷을 도시에 입혔다.

'추억을 기록하는 방법에는 여러가지가 있는데 너희는 나를 어떻게 기록할까?'

Belgium

우리는 Full Moon Girls!

룩셈부르크에서 벨기에는 매우 가깝다. 벨기에는 태국 여행을 함께 한 나의 풀문 파티 친구 Deb을 만나려고 왔다. 이번 유럽여행은 여행이라기보다 오랜 친구들을 만나러 다니는 것 같은데 내 삶에 이벤트처럼 이런 순간들이 지속되었으면 좋겠다는 생각이 든다. 유럽의 겨울은 크리스마스로 신이 나있는 것 같다. 친구는 어렸을 적부터 방문하는 크리스마스 마켓을 데리고 가며 신이 났다. 우리는 태국 의 풀문파티에서나 벨기에 도시에서나 마냥 신이 난 아이들 같다.

어느 곳에서 만나든 설레고 함께여서 즐거운 친구여서 네가 마냥 좋다. 이미 방문한 적이 있는 벨기에지만 네가 소개하는 맥주맛집과 와플은 더 달게 느껴진다. 너의 세계를 나에게 소개한 것처럼 나의 세계도 빨리 소개해주고 싶다는 생각이 든다.

그녀는 심리학을 전공했는데 가끔은
나와 대화를 하다가 나의 심리를
꽤 뚫어 보는 듯한 느낌을 받을 때가 있다.
그런데 그 이유가 나를 좀 더 배려하기
위해서인 경우가 많다. Deb의 세계를
알아가면서 나는 친구사이에서
상대방을 존중하는 것에 대해
배우게 되었다. 함께 있으면 웃음꽃이
끊이지 않는 우리는 매우 다른 외모와
성향을 갖고있지만 비슷한 미소를 보인다.
그래서 내 친구가 더 좋아진다.

Netherlands

유럽에 도착해서 북쪽으로 올라갈수록 추위가 몰려온다. 네덜란드는 루카를 만나러 왔다. 이전에는 관광지로 유명한 암스테르담, 로테르담 등의 도시를 방문했었는데 이번에는 헤이그 루카네 도시를 방문하게 되었다. 에콰도르 이후 우리는 한국에서의 만남을 계획하고 있었는데 내가 네덜란드에 먼저 도착해버렸다. 현지인과 함께 있다 보니 그 문화를 체험하는 순간이 일상이 되어버린다. 루카가 데려간 바다는 추위에 꽁꽁 얼어 있었다. 여름에는 일광욕을 즐기는 곳이라고 하는데 겨울바다는 굉장히 추웠다. 외국인들은 잘 못 먹는다는 네덜란드 사람들이 좋아하는 음식 Haring을 먹었다. 회를 좋아해서인지 너무 맛있게 먹자 이런 내 모습을 보고 루카가 놀랐다.

오후에는 루카가 자전거를 한 대 빌려줬다. 나이의 장벽을 허물고 갓 고등학교를 졸업한 네덜란드 친구들과 흰 눈이 내리는 추운 겨울에 자전거를 타고 바를 찾아다니며 맥주를 마셨다. 너무 추워서 손이 꽁꽁 얼어버린 것 같았지만 우리는 바에 도착하면 언제 그랬냐는 듯 시원한 맥주를 시키고 벌컥벌컥 마셨다. 나는 단순하게 사는 법을 배우고 있다.

'인생 뭐 있나? 이런 게 행복이지.'

France

파리 2주 살기

나에게 프랑스 파리는 모든 장소에 이미 추억이란 옷이 입혀져 있는 곳이다. 너무나 행복한 시간들을 보냈고 사랑으로 가득했던 파리에서의 추억들. 이번 유럽 여행을 다시 하면서 인연에 대해서 깊게 생각해보게 되었다. 내가 파리에서 지낼 곳은 친구 리사네 집. 우리는 약 9년 전 아일랜드에서 한 집에 살았고, 이후에도 꾸준히 연락하는 소중한 친구이다. 아일랜드를 떠난 이후에도 나는 파리를 몇 번 더 방문해 그녀를 만났고, 내가 세계 일주를 떠나기 전 리사는 나와 아빠와 함께 한국을 여행했다.

"혜진! 지내고 싶은 만큼 편하게 우리 집에서 지내"

우리가 떨어져 있던 잠깐의 시간에 그녀는 채식주의자가 되어있었고, 고양이 가족이 생겼다. 리사는 원룸에서 고양이 우기와 함께 살고 있다. 리사와 나. 우리는 성격이 매우 다르지만 동일한 직업을 갖고 있어 일 이야기도 스스럼 없이 나눈다. 이외 가정환경, 성장과정, 남자친구 이야기 등 대부분 우리 삶 히스토리를 알고 있는 친구이다. 그녀는 장시간 비행을 무서워하지만 한국은 꼭 다시 여

행하고 싶다고 매번 말한다. 리사 집에 도착했을 때는 이미 한국 음식들이 진열 되어 있었고, 우리는 함께 파리의 한인마켓을 방문했다. 그리고 밤 대부분을 한 국과 프랑스 음식들로 퓨전 요리를 해서 와인과 함께 즐겼다.

리사네 집에서 지내면서부터 재채기가 시작되었다. 목 안, 피부가 매우 가렵고 빨갛게 부어올랐다. 가끔 나는 고양이를 만나면 고양이 알레르기로 인해 힘들어한다. 갑자기 추워진 파리 날씨도 한몫 했다. 감기와 고양이 알레르기가 한 번에 나를 괴롭혔기 때문에 프랑스를 떠나야 하나 고민에 빠졌다.

아일랜드 시절 알게 된 너무 예쁜 동갑내기 커플 민진이와 선재 커플에게 연락이 왔다. 이들은 어느덧 결혼을 하였고 파리에서 일을 하고 있었다. 민진이는 내가 파리에 있다는 것을 알게 되고 메시지를 보낸 것이다.

'너 여행 오래 한 것 같아서 한식 해줄게. 우리 집으로 놀러 와'

얼마 만에 맛보는 한국식 집 밥인가, 얼마 만에 보는 민진이와 선재인가. 우리는 많은 시간을 뛰어넘고 다시 만났지만 어색함 하나 없이 즐거운 시간을 보냈다.

Ireland

제2의 고향 아일랜드

유럽에 와서 처음으로 비행기를 타게 되었다. 다음 목적지가 바로 제 2의 고향
인 아일랜드이기 때문이다. 이번 유럽여행에서는 대부분 버스로 이동을 하다
보니 여권을 꺼낼 일이 별로 없었다. 오랜만에 여권에 스탬프가 생기니 기분이
좋다. 아일랜드에 도착해 아이리쉬 악센트를 들으니 고향에 온 느낌이다. 이 시
골스러운 국가에서 나는 학창 시절 약 2년을 살았고, 이후에도 1~2년에 한 번
씩은 계속 방문해 온 곳이다. 약 9년 전과 비교해서 별다를 것이 없는 더블린에
도 많은 향기가 묻어 있다.

나는 아일랜드의 많은 것이 좋다.

날씨 빼고, 아이리쉬들의 강한 악센트도 좋고

끊임없이 보슬보슬 내리는 비도 좋고

시골 같은 소박한 것도 좋고

어디든 흘러나오는 펍의 음악도 좋고

아이리쉬 핫위스키, 기네스도 좋고,

무엇보다 이 곳에서의 소중한 추억들을

오랜 친구들과 나눌 수 있어서 좋다.

'세계 일주'는 떠나기 전 나에게 굉장히 크게 다가온 단어였다. 그런 내가 전 재산인 빨간 가방 하나 메고 장기간 세계를 유랑하고 있다니 믿어지지가 않는데 지구가 가끔은 작게 느껴진다.

나의 제 2고향 아일랜드는 여전히 변함이 없다. 특히, 템플바는 여전히 작고 예쁘다. 내가 느낀 아일랜드는 우리나라 제주도와 비슷한데 이유는 비와 바람 그리고 아름다운 자연 때문인 것 같다. 오래전부터 만났던 대부분의 친구들이 아직까지도 아일랜드에 거주하고 있어서 친구들을 만나는데 대부분의 시간을 보냈다.

이런 편안한 익숙함 때문에 나는 이 곳이 좋다.

Spain

사랑스러운 스페인할머니 치키

"할머니! 저 왔어요. 띠아모 치키(치키, 사랑해요 - 치키는 할머니의 애칭)"

스페인 마드리드에는 약 10년 전부터 인연을 맺어 온 나의 스페인 가족이 있다. 스페인을 방문할 때면 항상 마드리드에 가는 이유이다. 언제든 내가 방문할 수 있는 집과 사랑을 나눠주는 스페인 가족이 있기 때문이다. 그래서인지 스페인은 나에게 굉장히 특별한 나라이다. 할머니는 처음 뵈었을 때 만 84세이셨는데 이제 만 93세가 되셨다. 시간 참 빠르다. 여전히 치키는 나보다 팔 힘이 좋다.

"우리 한국 딸! 드디어 왔구나"

집에 도착하자 나를 한국 딸이라고 부르며 꼭 안아주는 나의 스페인 가족. 이곳에 도착하니 그동안의 모든 긴장이 풀렸다. 따뜻한 방, 맛있는 음식, 무엇보다 따뜻한 가족의 사랑이 나를 풍요롭게 만든다.

'이 따스함을 어떤 단어로 표현할 수 있을까?'

이제 스페인 가족과 번역기 없이 대화를 할 수 있게 되었다. 언어를 하나 더 하게 되었을 뿐인데, 이 전에 느꼈던 감정보다 두 배 더 진하게 전달된다. 이런 내 모습을 보고 기특해하는 가족의 모습을 보니 신기하다. 할머니는 내가 지내는 약 한 달 동안 매일같이 삼시 세끼를 손수 요리해 챙겨주셨다.

이번 여행을 통해 진심으로 너무 행복하고 생각이 많이 바뀐 것 같다. 그리고 한국에 있는 가족이 너무 보고 싶다.

※사랑스러운 여행을 마치고 한국에 돌아와서 치키 할머니가 돌아가셨다는 소식을 들었다. 다니엘과 통화를 하며 할머니 소식을 듣는 순간 내 가슴에서 소중한 것 하나가 빠져나가는 느낌이었다. R.I.P.

스페인 가정식

변함없는 솔 광장 곰돌이

마드리드 중심 솔 광장에서 자신의 자리를 지키는 곰 한 마리. 변함없이 자신의 자리를 지키고 서있다. 많은 사람들의 약속 장소가 되고 많은 여행객의 여행 장소가 되기도 하는 곳. 공간은 동일한데 시간만 달라지는 다니엘과 나 우리 남매샷.

이 공간처럼 시간이 지나도 변하지 않는 것이 많았으면 좋겠다.

스페인 공중파 방송국 알바

"혜진! 스페인 방송국에 한 번 가지 않을래?"

스페인 맘마가 방송국 알바를 같이 가자고 제안했고, 호기심에 방송국에 방문하게 되었다. 우리가 다녀온 프로그램은 스페인에서는 오래된 프로그램으로 유명 인사들이 여럿 나왔는데 재밌는 경험이었다. 프로그램의 컨셉은 사람을 찾아주는 프로그램. 친구를 위해 유명 인사를 데려오기도 하고, 유명 인사가 유명 인사를 찾기도, 오래된 가족들을 찾기도 하는 프로그램. 우리나라로 치면 'TV는 사랑을 싣고'와 비슷하게 느껴졌다.

'왜 하필 나를 맨 앞자리에 앉혔을까?'

방송 촬영은 하루 종일 총 6개의 스토리로 오랜 시간 동안 진행되었다. 처음에는 남미 스페인어에 비해 훨씬 빠른 스페인어로 알아듣기 힘들었고 프로그램을 이해하지 못했다. 그런데 옆에 앉아 계시던 할아버지가 프로그램과 상황을 정리해서 천천히 설명해 주셨다. 그 이후로 할아버지는 프로그램 속에 재밌는 순간이나 슬픈 순간이 나오면 나를 쳐다보며 '이해했니?'라는 눈빛을 보냈다. 그럼 나는 고개를 끄덕이는 표현으로 대답했다.

프로그램의 스토리에는 마음 아픈 사연들도 있었다. 스페인 방송국 알바를 하면서 든 생각은 많은 사람들이 홀로 용기를 내지 못한다는 점. 많은 사람들은 사랑을 필요로 한다는 것이다.

Spain ✈ 올라! 아미고

"혜진! 위로, 아래로, 옆으로 건배!"

오랜 친구들과 조금은 이른 크리스마스 디너. 메뉴는 안달루시아 전통음식을 먹었다. 아일랜드에 살았을 때 나를 제일 잘 챙겨주는 사람들이 있었다. 그게 바로 스페인 친구들인데 내가 스페인 사람들을 좋아하게 된 이유이다. 그들에게는 한국인이 갖고 있는 '정' 비슷한 무언가가 있다.

오랜만에 만난 친구들은 가족이 2배가 되어있기도 하다. '보드카, 베네, 파울라, 파블로' 이제는 2배가 되어버린 4명의 사랑스러운 가족. 보드카와 베네 부부도 나의 9년 지기 친구들이다. 영어조차 서툴던 그 당시. 나는 특유의 스페인 발음인 친구들의 이름을 제대로 부르지 못했다. 그래서 많은 친구들에게 나만이 부르는 닉네임을 만들어줬었다. 그중 Borja는 여전히 나에게 보드카(Vodka)로 불린다. 2년 전 스페인에 왔을 때만 해도 리야만 있었고, 둘째인 파블로는 베네 뱃속에 있었다. 새삼 시간의 빠름에 놀라게 된다.

황금빛 건물 - 일상을 여행처럼

선셋을 머금고 있는 건물이 너무나도 이색적이게 느껴진다. 어느덧 여행이 일상이 되어버린 지금이 너무 좋지만 일상을 여행처럼 살아가는 것도 중요하겠지. 어떤 것을 머금고 살아가느냐에 따라 삶이 많이 달라질 텐데 내 청춘에 있어서 가장 중요한 게 무엇인지 고민하게 되는 요즘이다.

Turkey

이스탄불 호스텔 주인아저씨

이스탄불 도착 하루 전. 도심 한가운데에 있는 호스텔 도미토리에서도 가장 저렴한 방으로 예약을 했다. 제대로 확인하지 않았고 밤늦게 도착 예정이라 1박만 예약했던 것이다. 그런데 호스텔 주인아저씨가 혼자 지낼 수 있는 방으로 동일한 가격에 바꿔 주셨다. 이곳에서 지내는 동안 터키음식을 잘 먹는다고 호스텔 아저씨는 매일같이 칭찬했다. 나는 워낙 음식을 좋아하기도 하지만 이것저것 가리지 않고 잘 먹는 편이다.

"너는 터키 음식을 너무 잘 먹는구나. 오늘 저녁은 내가 터키 요리 만드는 법을 알려줄게. 같이 마트에 가지 않을래?" 함께 마켓에 다녀와서 요리를 했다. 주인아저씨는 잘 먹는 모습이 예쁘다며 칭찬했다. 그리고 걱정이 되셨는지 내가 카파도키아 도시로 떠나는 날 아저씨는 나에게 버스에서 아무나 주는 음식을 먹지 말라고 했다. 이스탄불에서 카파도키아로 가는 버스를 예약할 때, 아저씨가 할인을 받게 해준다고 대신 예약을 도와주셨다. 그런데 좀 더 비싼 1인 자리만 보여주는 것이다.

"전 좀 더 저렴한 옆좌석에 앉고 싶어요"

터키는 무슬림 국가라서 결혼하지 않은 남자와 여자 사이에 같이 앉는 것이 평범하지 않는 일이라고 했다. 내가 옆 사람들과 함께 앉고 싶었던 이유는 단지 가격이 좀 더 저렴해서였는데, 아빠처럼 걱정해 주는 아저씨 말이니 들어야지 하는 생각에 1인 좌석을 예약했다.

터키는 항공과 버스 이동 가격 차이가 별로 나지 않기 때문에 대부분의 여행자는 항공을 이용한다. 나는 이제 여러 곳을 지나서 가야 하는 공항보다 버스가 편해진 것 같다. 호스텔에서는 주인 아저씨 뿐만아니라 호스텔에서 일하는 이란 친구들과 캐나다 친구가 살고 있었다. 그중 모델을 꿈꾸는 이란 친구가 레게머리를 땋아줬다.

Turkey ✈ 길 위에서의 삶

이제 어느 정도 길 위에서의 삶이 익숙해진 듯한데 무엇이든 생각대로 쉽게 되는 일은 없는 것 같다. 겨울에 이스탄불에서 카파도키아를 버스로 가는 길은 매우 험난했다. 조금씩 떨어지던 작고 예쁜 눈은 폭설이 되어 우리를 가둬 버렸다. 무려 13시간 동안 버스를 타고 달려왔는데, 더 이상 버스로 이동을 하지 못한다며 멈췄다. 그 와중에 창밖에 소복이 내린 눈들이 반짝이는게 보였다. 영하로 떨어져 추운데 우리는 모두 짐을 챙겨 버스에서 내려 작은 봉고차에 옮겨 타게 되었다.

"다 왔어요. 다 왔어"

1인 좌석에 앉아서 오다가 사람들이 많은 봉고차에 끼여 앉아있으니 불편했으나 그 와중에도 나는 잠이 들었다. 도착지에 도착했음을 알리는 소리에 깨어나보니 신비로운 배경의 마을이 눈앞에 보였다. 숙소에 도착해 잠시 눈을 붙이려고 침대에 누웠는데, 온몸이 벌벌 떨려오는 것이 감기기운이 있는 것 같다. 무엇보다 항상 챙겨 다니는 비상약의 대부분을 이스탄불 짐에 두고 왔다. 몸이 심하게 떨리고 추워서 리셉션에 가서 이 숙소에 머무는 한국인이 있는지 물어봤다. 다행히 한국인들이 머물고 있고, 오전에 투어 갔다고 했다. 이렇게 몸이 정말 아플 때면 나는 내가 어디에 있던 한국 약을 찾는다. 그리고 한국인들은 항상 도와준다. 이런 거 보면 믿고 보는 한국인의 정에 너무나도 익숙해져 있는 것 같다. 몸을 최대한 웅크리고 이불 안으로 쏙 들어가 잠을 청했다.

"안녕하세요. 한국인이신가요? 저 혹시 감기약 있으세요?"

"어! 빨간 가방!"

나를 보자마자 놀라 소리쳤다. 이스탄불에 있을 때, 인스타그램 사진에 댓글이 달린 적이 있다.

'길에서 빨간 가방 마주치면, 인사할게요!'

내 사진에 댓글을 달았던 분이 정말 나를 우연히 만난 것이다. 그것도 같은 숙소에 예약하다니 너무나도 신기했다. 그에게 약을 건네받고 저녁식사 약속을 한 뒤 다시 잠에 들었다.

약을 먹고 한숨을 자고 나니 몸이 많이 괜찮아져서 저녁을 먹으러 나갔다. 로비에는 많은 사람들이 항아리 케밥을 먹으러 간다고 모여 있었다. 항아리 케밥은 터키 전통 음식으로 테스티 케밥(Testi Kebab)이다. 도기 항아리 속에 고기와 야채를 넣고 쪄서 만드는 음식인데, 음식을 먹기 전에 우리 앞에서 항아리를 쪼개줬다. 조금은 어색한 공기가 흘렀던 처음 만나는 사람들과의 식사 자리였는데, 항아리가 깨지는 순간 우리는 모두 환호하며 수다가 길어졌다. 장기간 여행하며 대부분 현지인들과 시간을 보냈던 것 같다. 유명 여행지보다 낯선 여행지를 많이 방문해서인지 한국인들을 많이 만나지 못했다. 그런데 신기하게도 쿠바와 터키에서는 세계 여행을 하고 있는 한국인들을 꽤 만났다. 각자 만의 여행 스토리를 펼쳐나가는 이들 모두 정말 존경한다. 장시간 여행을 한다는거 분명 무언가를 포기하고 왔을 테니까, 그들의 마음이 내 마음과 비슷할 것이라는 생각과 함께 어느덧 동지애가 생겨버렸다.

지구 한 바퀴 세계 일주 하며 드는 생각은 세상에 멋진 사람들 너무 많다는 것이다. 나도 그중 한 사람이 되고 싶다. 잠 안 오는 터키 새벽이다.

동화 속 세상, 실화인가?

열기구 마을 궤레메는 생각보다 마을이 정말 작다. 버스터미널에서 바라보면 큰 터키 국기가 언덕 위에 펄럭이는 모습을 볼 수가 있는데, 이곳이 뷰 포인트. 보통 벌룬 투어가 새벽 6시 30분부터 시작되어서 7시쯤이 언덕에 가면 선라이즈부터 동화 같은 세상을 만날 수 있다. 물론 벌룬이 뜨는지 확인해야 하고, 9시쯤 되니까 별로 없었고 내가 다녀온 뷰포인트의 추천 시간은 7-8시이다. 꼭 벌룬이 안 뜨더라도 선셋 보기에도 너무 예쁜 장소이다.

내가 터키를 여행한 기간은 비수기. 겨울이라서 춥고 눈이 많이 내려서 열기구가 뜰 확률이 여름보다 낮다. 비수기에는 날씨가 좋지 않아서 열기구 뜨기만을 3일씩 기다리는 여행자들도 있고, 결국 보지도 못하고 떠나는 여행객도 있었다. 아침에 조식을 주문하고 기다리는데 열기구가 떴다는 소리가 들려서 호스텔 옥상으로 빠르게 뛰어올라가 열기구를 구경했다. 터키에 열기구를 타러 가는 사람이라면 필수로 날씨 체크하는 것을 추천한다.

열기구

너는 얼마나 많이 하늘을 날았을까?
너는 얼마나 많은 사람을 만났을까?
나는 얼마나 많은 하늘을 만났을까?
나는 얼마나 멋진 삶들을 만났을까?

아름다운 풍경을
보자마자 한국에서 챙겨 온
한복을 입고, 파리에서 산
베레모 모자를 쓰고
사진을 찍겠다며
언덕에 올랐다.
언밸런스한 모습이지만
이 곳의 풍경은
여전히 동화 속 같다.

마법에 걸린 카펫 가게

카파도키아 괴레메 마을에 있으니 내가 마치 동화 속의 주인공이 된 느낌이다. 평범하게 방문하는 카페마저 누군가 마법을 부려 놓은 것 같다. 내가 방문한 겨울옷을 입은 괴레메는 눈도 내리고 날씨가 점점 추워지면서 야외 공간을 닫고 보수작업에 들어갔다. 12월 터키에 오면 따뜻할 줄 알고 나도 남들처럼 샤랄라 원피스 입고 과일 먹으며 벌룬 구경할 줄 알았다. 역시 여행은 무계획으로 하면 놓치는게 생긴다.

카페에 가서 앞으로의 여행 일정도 좀 찾아보려고 노트북을 챙겨 나왔는데 터키의 전통 티를 마시고 범석 오라버니와 형근이와 함께 급 택시투어를 하게 되었다. 우리 셋은 목적지가 없는 여행자들이다. 마을은 작고, 할 것은 없지만 더 머물고 싶은 곳. 우리는 셋이라서 경비를 아낄 수 있으니 택시를 렌트해서 원하는 곳을 방문하기로 했다. 난 그러고 보면 가끔 느린 여행자인 것 같다. 카파도키아는 열기구가 다인 줄 알고 왔으니까, 그래도 운이 좋게 좋은 일행들을 만나 함께 하다 보니 색다른 장소들을 방문하게 되었다. 우리는 택시를 타고 스머프들이 곧 나올 것 같은 스머프 마을과 로즈밸리를 다녀왔다. 12월의 터키는 너무 춥고 황량하지만 본인의 여행은 날씨가 아닌 본인이 만드는 것. 겨울에 방문해서 열기구 투어가 뜨지 않을 경우 서운해하지 말고 다른 특별한 것들을 찾아서 움직이는게 현명하다. 이곳은 숨겨진 보석 같은 장소가 너무 많다.

대지진으로 인해 사라졌던 고대 로마의 흔적이 남아있는 곳. 19세기 발굴 작업을 통해서 발견했고, 그 이후 폐허가 된 유적지에 대리석 기둥으로 스파가 있는 곳이다. 파묵칼레 입장권을 끊고 들어와서 석회층으로 이뤄진 온천 지대를 벗어나 언덕 위로 쭉 걸었다. 최근에 물이 많이 마르고 있어서 예전보다 예쁘지 않다는 점과 곧 사라질 수도 있다는 곳이다. 그래서 꼭 와보고 싶었다.

파묵칼레의 물은 여전히 에메랄드 빛을 띄고 따뜻했다. 추운 날씨를 녹여버리는 듯한 아름다움이 사라지지 않았으면 좋겠다.

더 많은 사람들이 볼 수 있도록.

내가 세계 일주하면서 감사의 마음을 전달하는 방법 중 하나인 그림 그리기. 재능은 없지만 정말 마음에서부터 우러나오는 사랑으로 그린다. 내 그림 재료는 저렴하지만 지구 한 바퀴를 돌며 콜롬비아, 볼리비아, 아일랜드, 프랑스에서 하나하나 산 것들이다. 세계여행자가 줄 수 있는 여러 나라의 향기를 담았다. 그림을 그리기 전 한국과 터키에 대한 이미지와 색을 먼저 떠올려 본다.

'내가 느낀 터키는 채도가 쨍쨍한 느낌의 이미지라서 컬러풀한 느낌과 우리나라 태극기의 쨍한 빨간색과 파란색의 조화를 이루게 하면 어떨까?'

내 마음대로 터키의 이미지를 벽에 담았다.

어린 아이가 그린 것처럼
되어버린 내 그림.
가끔 호스텔 주인 아저씨는
나에게 내 그림을 사진으로 찍어
메세지로 전송해주신다.
"너의 그림은 잘 지내고 있어,
너는 잘 지내니?"
기록이 기억의 힘을
지배해버린 것 같다.

터키는 각 도시마다 너무 다른 매력을 담고 있고, 사람들이 친절하다. 사실 한국인이라고 하면 형제의 나라라고 엄청 반겨준다. 리라 환율이 막 올랐을 때는 700원대까지 올라갔었는데, 당시 환율은 200원대. 리라 환율이 한 달 사이에도 많이 올랐다고 하는데, 여행자로서는 즐거운 일이지만 이 나라 국민들과 환율 폭락에 대해 이야기를 하다 보니 씁쓸해진다.

어느덧 우리 동네처럼 익숙해져 버린 탁심광장. 다음번에 와도 모든 길이 생생하게 기억이 날 것 같다. 겨울에 경험한 터키가 너무 아름다워서 여름에도 꼭 다시 방문하고 싶어졌다. 러시아 혹한을 대비해 롱패딩을 구매했더니 가방이 두 배가 되어버렸다. 배낭여행자에게 이렇게 슬픈 일은 없을 터.

짐은 다시 두 배가 되었지만 괜찮다. 택시 타면 된다.(여행 막바지 사치 부리기) 터키를 여행하며 만난 인연들, 너무 다정다감했던 친절한 터키 사람들 너무나도 고맙고 항상 이 감사함을 잊지 말아야겠다.

동화 속 마을

파리에서 교통카드 만들기

유럽 크리스마스

민진아 고마워

파리 단골 장소

나라별 미용실 가보기

가을이 찾아온 독일

아름다운 멜로디

파리출신 우기

가족의 행복과 건강을
플로리스 베티나
주카 밀란

베를린 NO. 25
생레미 Jun

룩카 가족에게

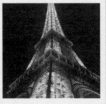

반짝 반짝 빛나는

옥토버페스티벌

피닉스파크

버스여행 비상식량

타임머신을 탄 듯한 시간

화려한 더블린

골웨이

더블린 단골 무지개

마드리드 나침반

오랜 아이리쉬 친구 매튜

스페인 가족의 선물

아름다운 도시

스페인 맘마와 방송국 알바

파리 2주 살기

오랜만에 브런치

열기구 갖고놀기

다니엘의 한국 음식 체험

리사가 만든 디저트

골웨이 안녕

따뜻한 터키 Tea

이란 친구와 레게머리

배낭싸기 달인

김밥 만들기

사랑하는 친구

아이리쉬 위스키

한국&독일 프랜드쉽

귀여운 더블린 버스

내가 좋아하는 터키 간식

러시아

시베리아 횡단 열차

늦은 밤 계속 빙빙 도는 택시

내가 러시아라니, 꿈만 같다. 공항을 나서자 어둠이 마중한 모스크바 도시. 밤 9시가 지났고, 몸도 너무 피곤하고 짐도 많아서 택시를 타기로 했다. 장기 여행을 하면서 내가 가장 돈을 아끼는 법 중 하나는 '택시 타지 않기'이다. 그런데 모스크바에 도착했을 때 자정이 다 돼 가기도 했고 지하철을 타고 가면 1시간 넘게 걸렸다. 이제 시베리아 횡단열차를 마지막으로 나의 '세계 일주' 대장정이 끝난다고 생각하니 마음의 여유가 생겼다. 그래서 호텔까지 택시를 타기로 마음을 먹었다. 어플에 나와 있는 택시비는 820루블이었다. 모스크바 공항에서 숙소까지 거리는 30분. 그런데 택시는 30분이 지나도 공항 근처를 빙빙 돌고 있었다.

도로 주변은 아무것도 없는 횡한 곳이었고 시간이 너무 늦은 밤에 택시 아저씨가 이상한 행동을 하는 순간 나는 바로 차에서 내려 어딘가로 도망가야 한다는 생각도 하면서 머릿속에 시뮬레이션을 그려보았다. 그리고 용기를 내서 아저씨에게 내 핸드폰의 지도를 가리키며 물었다.

"아저씨, 지금 어디 가는 거예요?"

아저씨는 영어를 전혀 하지 못했다. 하지만 그제서야 옳은 길로 가기 시작했다. 결국, 나는 30분 거리를 1시간 30분이 넘게 걸려 호스텔에 도착했다. 어두컴컴한 시간이지만 소복이 쌓인 눈은 가로등을 대신했다. 러시아의 건물들은 그동안 내가 지구를 한 바퀴 돌며 봐왔던 어떠한 건물과도 비교하지 못할 만큼 웅장했으며 그 분위기는 나를 압도시켰다. 그는 나에게 약 2배가 되는 택시비를 요구했다.

말이 잘 통하지 않아서 일단 호스텔에 가서 직원들에게 통역을 부탁하자고 했다. 호스텔은 처음 방문한 곳이지만, 이제 누군가 나를 도와줄 수도 있다는 생각에 안심이 들었다. 나는 직원에게 화면을 보여주며 자초지종을 설명했다.

"원래보다 오래 걸렸으니까 1400루블 내"

"아저씨가 돌아갔잖아요! 어플에 나와있는 고정된 비용은 820루블이에요."

"알았어. 그럼 820루블인데 톨게이트 이용했으니까 150루블 더 내"

"톨비를 제가 왜 내요? 가격에 포함된 건데"

"알았어. 그럼 850루블 내"

잔돈이 없어 900루블을 줬다. 그리고 나는 커튼으로 내 공간을 만들 수 있는 도미토리 방으로 들어가서 누웠다. 피곤한 여정이어서 바로 잠이들 것 같았지만 분한 마음에 택시 애플리케이션 고객센터에 바로 민원을 넣고서야 깊이 잠들 수 있었다.

'나 정말 납치당하는 줄 알았다고'

서로에게 힘이 될 때

모스크바에서 선택한 숙소는 제법 넓고 깨끗하다. 슈퍼마켓을 다녀와서 요리를 하려고 주방으로 갔는데 한국어가 들려왔다. 반대쪽 테이블에서 두 청년이 대화를 나누고 있었다.

"한국인이세요?"

나는 그들에게 먼저 인사했다. 민석이는 캐나다에서 살다가 에스토니아와 러시아를 여행하고 한국으로 가는 계획을 갖고 있었고, 해솔이 또한 긴 여행을 시작하고 있다고 했다. 우리는 처음 만난 사이지만 말이 꽤나 잘 통하고 공통분모가 있었다. 여행이야기보다 각자의 삶에 대해 이야기하기 시작했다. 우리는 술한 잔 걸치지 않고 꽤나 솔직한 대화를 나누며 서로를 응원했다.

내가 러시아에 제일 오고 싶었던 이유 북한 식당에서 평양냉면이 먹고 싶어서이다. 아침에 일어나자마자 전 날 숙소에서 만난 민석이와 해솔이랑 택시를 타고 북한 식당으로 향했다. 북한 식당 바로 앞에서 내리자 곧장 경찰 두 명이 다가와 여권을 요구했다.

"여권 확인이 있겠습니다"

"저, 여권 숙소에 있는데요?"

"폴리스 스테이션! 폴리스 스테이션!"

여권이 숙소에 있다고 하자 경찰은 격앙된 목소리와 제스처로 경찰서에 가자고 했다. 러시아 여행에 지치는 순간이었다. 내가 표현할 수 있는 방법을 모두 동원해서 우리는 식당에서 밥만 먹고 갈 거라고 의사 표현을 했다. 다행히 한 경찰 아저씨가 빨리 가라고 손짓해서 자리를 벗어났다. 가만히 생각해보니 아마 탈북인으로 오해를 받은 것 같다. 황당하기만 했던 순간을 피하고 나니 북한 식당 입구에 도착했다.

"우와"

우리는 언제 경찰을 만났냐는 듯 감탄사를 내뱉으며 신이 났다. 내 인생 처음 방문하는 북한 식당인데 메뉴를 보니 우리가 평소에 먹던 음식들이다. 자극적인 음식을 좋아하는 내 입맛에 평양냉면은 꽤나 심심했지만, 처음 느껴보는 분위기에 기분이 묘했다.

나는 점점 한국과 가까워지고 있다. 모스크바에서 여유롭게 지내며 시베리아
횡단열차를 언제 탈지 고민했다. 곧 크리스마스가 가까워졌기 때문에 기차에
서 성탄절을 보내고 싶지 않았다. 12월이라서 이미 기차 표의 가격은 2배가 되
었다. 이렇게 있다가는 시간만 가겠다 싶어서 다음 날로 열차를 예약하고 숙소
직원에게 티켓 프린트를 부탁했다.

"혜진, 너는 오늘 밤에 떠나는 거니?"

"아니 나 내일 가는데?"

"티켓이 오늘 날짜인데?"

이게 웬걸? 00:35 시간의 날짜를 착각해서 티켓을 당일 예매했던 것. 나는 아무

런 준비도 되어있지 않았다. 마음이 조급해졌고, 친절한 직원은 숙박 당일 취소를 해줬다. 그리고 근처에 있는 마켓에서 시베리아 횡단열차에서 먹을 음식을 사라고 추천했다.

'나는 이렇게 덜렁인데 어떻게 세계여행을 15개월이나 했을까?'

시베리아 횡단열차는 지구 둘레 약 4분의 1로 9288km, 세계에서 가장 긴 열차다. 모스크바에서 블라디보스톡까지 약 164시간을 달린다.

Day 1

시베리아 횡단열차 1일차 아침이 밝았다. 기차가 꽤 오래 정차 되어 있었는데 자느라 몰랐다. 내 주변에는 여전히 아무도 없어 심심했다. 열차에서의 첫 날은 먹고, 먹고, 먹고 또 먹기 그리고 자는 동안 추웠는데 깨어나보니 머리 위 선반에 블랭킷이 있었다. 오랫동안 세계여행을 하기는 했나 보다. 많은 사람들이 시베리아 횡단열차 타면 엄청 힘들다고 했는데 '이 정도면 괜찮네'라는 생각이 먼저 들었다. 터키 여행할 때가 생각난다. 파묵칼레에 너무 일찍 도착해 버스회사 사무실 의자에서 5시간이나 잔적이 있는데 지금은 그 의자보다 훨씬 넓고 편하다. 내 자리 주변에 아무도 없어서 편하긴 한데 그래도 사람들이 좀 있었으면 좋겠다. 너무 심심하다.

모스크바에서 안 좋은 일을 많이 겪었는데 기차 안은 다르다. 기차에 오를 때부터 러시아 청년이 짐을 들어줬다. 기차가 멈추는 시간. 공기를 쐬러 기차에서 내릴 때면 나에게 달려와 미끄러지지 않게 손을 내민다. 내 자리와 가까운 곳에 있는 러시아 할아버지는 내가 궁금했는지 옆자리로 와서 이불을 정리해 준다. 나를 보며 러시아어로 계속 뭐라고 하시는데 내가 알아듣지 못하자, 내 핸드폰을 손짓하며 말을 하신다. 아! 궁금한게 있으신가보다. 나는 미리 다운로드해 놓은 러시아 번역기 어플을 켰다. 할아버지는 내가 어느 나라 사람인지 궁금해 하셨다.

"어느 나라에서 왔니?"

"대한민국이요"

"와우!" 한국 사람이라고 말하자 양 손바닥을 치며 놀라신다. 그리고 기차가 달리는 동안 나를 계속 챙겨 주신다. 흥이 많은 할아버지다. 설국열차 꼬리 칸이라고 불리는 기차 안의 3등실은 삭막한 도시보다 훨씬 따뜻한 온기로 가득 차 있다. 시베리아 횡단열차는 나에게 있어 큰 버킷리스트 같은 존재였는데 경험하게 되어 신기하고 행복하다. 정차하는 역과 시간이 러시아로 적혀 있어 확인이 어렵지만 주변 사람들이 밖에 나가면 따라 나가서 밖의 공기를 마시고 들어왔다.

Day 2

시베리아 열차가 달리는 동안 시차가 7회 바뀐다. 지구 한 바퀴를 돌며 나는 너무 많은 시차를 경험했다. 이제 시차 따위 신경 쓰지 않는 몸이 되어버린 것 같다. 그리고 특히 기차 안에서의 삶을 사는 동안 시차는 더 중요하지 않았다. 내 침대 주변에는 여전히 사람이 없다. 그래도 장기로 타고 가는 사람들의 얼굴을 알겠다. 오늘도 여전히 아침에 길게 열차가 정차해 있었던 것 같다.

"헤이! 헤이!"

12월 시베리아횡단열차 세계의 모습.
눈, 라면, 퓨레, 과일. 작은 공간.
많은 것이 필요 없다.
갖고 있는 만큼 먹고,
보고 싶은 만큼 보고,
자고 싶은 만큼 자면 된다.
욕심쟁이인 내 소유욕이 사라진 것 같다.

나를 챙겨주던 할아버지가 나를 급하게 깨웠다. 할아버지는 내가 이 역에서 내려야 하는 줄 알고 급하게 깨운 것이다. 옆에 아주머니는 어떻게 내가 가는 곳을 알았는지 이들은 나를 계속 지켜보고, 챙겨주고 있었다. 바람을 쐬려고 잠시 나갔다 들어오는 길에 한 러시아 청년이 나를 불러 세워 초콜릿을 나눠줬다. 모르는 사람이 주는 음식 함부로 받아먹지 말아야 하는데 시베리아 열차 안은 나를 사람들의 따뜻함에 취하게 만들어 버렸다. 초콜릿을 받으니 기분이 너무 좋아져서 큰 초콜릿을 한 번에 반을 넘게 먹었다. 잠을 자고, 일어나고 밥 먹기를 반복하는 게 열차 안의 생활이다. 낮잠을 자고 일어나니 반대편에 새로운 아저씨가 계셨다.

"커피? 커피?"

새로운 아저씨는 나를 보고 커피를 마실 거냐고 묻는 것 같았다. 내가 온 몸으로 컵이 없다고 표현했더니 컵을 받아다 주셨다. 그리고 아저씨의 음식이 담긴 봉지를 내 자리로 가져와 먹으라며 주섬주섬 챙겨 주셨다. 기차 안에서 만나는 사람 한 명, 한 명의 눈빛이 너무 따뜻하다.

'이 사람들은 왜 이렇게 친절한 걸까?'

3등석에는 어댑터가 없다고 들었는데, 내 자리에 어댑터가 있었다. 언제 소문이 났는지 많은 사람들이 하루 종일 내 자리를 방문했다. 사람들은 욕심을 부리지 않고 서로 양보를 하며 전자기기를 충전했다. 몇 개의 역을 지나쳐왔는지 이제 제법 열차 안에 사람들이 많아졌다. 기차 안의 사람들은 나를 보면 계속 먹을 것을 나눠준다. 게다가 이들은 신기하게도 내가 도움이 필요하다 싶을 때면 후다닥 달려온다. 러시아 사람들이 이렇게 호기심이 강한 사람인지 처음 알게 되었다.

'아 이제 좀 살만하다. 나는 많은 사람들과 함께 부대끼며 살아야 행복한 사람인가 보다.' 기차 안에서 먹을 것을 너무 많이 받아서 나도 무언가를 함께 나누고 싶어졌다. 기차가 정차했을 때 재빨리 플랫폼에 있는 마트에 가서 초코파이를 사서 나눠드렸다. 초콜릿을 준 청년이 나에게 달려왔다.

"정차역에서 사면 너무 비싸"

나를 걱정해 줬다. 그래 봤자 $2 밖에 안 했는데, 나를 생각해 주는 마음이 너무 예쁘다. 열차 안에서는 밥을 먹는 시간이 딱히 정해져 있지 않다. 나는 밤 10시에 컵라면 같이 생긴 감자 퓌레를 맛보기로 했다. 어떻게 먹는 건지 찾아보고 있는데, 옆에 있는 사람이 손짓을 하더니 내 감자 퓌레를 가져갔고 물을 담아줬다. 아기가 된 기분이다. 기차 안에서 아무것도 하지 않으니 생각이 많아진다. 새벽 내내 나의 반려견 별이가 생각나 펑펑 울었다.

집에 돌아가면 나를 제일 반겨줄 내 보물 1호 하늘나라에서 누나 잘 보고 있겠지? 사랑하는 사람들이 많이 보고 싶어지는 시간들이다.

Day 3

기차 안이 너무 추워졌다. 이제 사과가 2개 남았다. 나를 매번 챙겨주던 키다리

아저씨와 초콜릿 청년이 내렸다. 또 다른 이별이었다. 어젯밤에 새로 온 친구는 러시아에서 사는 타지키스탄 출신의 임신한 친구이다. 나와는 다르게 어찌나 야무진지 큰 아기 배를 안고도 아침에 일어나 눈썹을 다듬고, 너무 예쁘게 도시락 라면을 먹는다. 친구가 준 고기가 든 빵과 해바라기씨, 도시락, 퓌레 먹은 게 오늘의 일과 끝이다. 해바라기씨가 이렇게 맛있는 줄 처음 알았다. 그리고 해바라기씨 까기 스킬이 생겼다. 낮에 잠깐 잠이 들었는데 이미 창밖 세상은 어두워져 있다. 러시아는 해가 정말 빨리 지는데 잊고 있었다. 여행 많이 했다 싶은데 아직도 모르는 나라가 많다. 특히 중앙아시아. 이번 세계여행을 통해서 가보지 못한 나라가 아직도 많은데 어찌 보면 다행인 것 같다. 아직까지도 알아가야 할 나라가 많으니 말이다. 이제 기차가 정차하면 할배와 새로운 친구가 정차 시간을 손가락으로 알려준다. 다음에 기회가 되어 시베리아 횡단열차를 다시 타게 된다면 러시아 기본 회화를 배워 오고 싶다.

Day 4

하루 종일 팔찌를 만들며 평화로운 시간을 즐겼다. 남미 여행할 때 에콰도르에서 핸드폰을 도난당한 이후 나는 50일 동안 핸드폰을 사지 않았다. 폰 없는 기간의 헤진이를 만난 다양한 국가의 친구들은 나를 놀라워했고, 핸드폰 구매 후의 나를 보고 더 놀랐다.

오랜만에 폰 없이 지냈을 때 무엇을 했는지 곰곰이 생각해봤다. 그 기간에 나는 독일 친구에게 이 팔찌를 만드는 법을 배웠고 꽤 많은 그림을 그리고 일기를 썼다. 이렇게 만든 팔찌는 여행을 하며 소중한 사람들에게 하나씩 선물했다. 나의 사랑이 모두에게 전해지길, 이곳은 오늘도 여전히 평화롭다. 열차가 달리는 동안 가끔 인터넷이 터지기도 하는데, 인터넷이 거의 되지 않는다고 생각하면 된다. 그래서 열차가 정차역에 정차했을 때 재빠르게 인터넷을 사용한다.

이르쿠츠크 역

시베리아 횡단열차를 탄 4일 동안 씻지도 않고, 평화롭게 기차 생활을 하다가 이르쿠츠크에 도착했다. 나는 사랑받으려고 태어난 것 같다. 예상하지 못한 순간 감동을 많이 받는다. 내가 내려야할 역에 도착하니까 추운 날, 우르르 모두 내 짐 하나씩 들어다 주고, 역에서 내리는 어느 모자(母子)에게 나를 부탁했다. 그 후 그들은 택시를 역 안에서 잡으면 비싸다고 못 잡게 하더니 본인들의 차로 호스텔까지 데려가줬다. 세상에나, 정말 눈물이 날것 같았다.

'러시아 사랑해요! 와 이제 한국이랑 시차 1시간.'

시차 14시간인 남미에서 있다가 쭉 여행하면서 시차가 조금씩 조금씩 좁혀졌는데, 이제 여행이 거의 끝나가는 것이 실감 난다. 나 3개국어 하는데 러시아에서는 0개국어 한다.

그래서 언제나 "쓰바씨바"

바이칼 호수 알혼섬

시베리아 오지에 위치한 바이칼 호수 최대 깊이가 1,621m로 세계에서 가장 깊으며, 넓이는 7번째로 넓은 호수다. 여름과 겨울의 매력이 정말 다를 것 같은데 이 섬은 -65도까지 떨어지는 섬이기에 겨울 준비 단단하게 하고 와야 하는 곳이다. 추위를 이기고 온다면 이렇게 예쁘고, 맑은 자연 풍경을 만날 수 있다. 그래도 강 바람은 두터운 내 옷을 파고 들어오는 것처럼 너무 춥다.

나의 경우는 알혼섬에 도착해서 숙소를 통해 알혼섬 북부 투어를 신청했다. 투어 비용에는 점심 포함이었는데 기사님 아내분이 싸준신 집표 도시락이었다. 정성이 함께 들어있어서인지 알혼섬에서 먹은 음식 중에 제일 맛있었다. 12월 말의 바이칼 호수는 꽁꽁 얼어 있어서 동상에 걸릴 것 같이 춥지만 너무 아름답다.

영하 40도에서 살아남기

내가 생각했던 아름다운 러시아의 크리스마스는 존재하지 않았다. 러시아는 크리스마스가 1월 7일이라 모든 가게가 문을 열었고, 다른 날과 다를 게 없었다. 심지어 호스텔도 텅텅 비어 있었다. 내가 선택한 크리스마스 특식은 고려인들이 운영하는 고려식당 국시이다. 전 날 먹었는데 너무 맛있었던 기억에 일어나자 마자 고려식당으로 달려가 국시를 주문했다. 얼음과 고춧가루를 꽉꽉 넣고 비볐다. 아침을 국시로 먹고 숙소로 돌아왔는데 여전히 조용하다. 나는 크리스마스라서 특별한 것을 하고 싶었다.

결국 체감온도 영하 41도에 이르쿠츠크 시내를 하루 종일 빨빨거리고 다녔다. 추위에 약한 아이폰은 충전을 완벽하게 하고 나갔는데도 추운 날씨 탓에 밖에서 3분 정도 사진 찍으면 배터리가 0% 되었고, 따뜻한 곳으로 가면 80%가 되곤 했다. 오르락내리락 하는 깊이가 꼭 내 마음 같다. 핸드폰이 계속 꺼지는터라 대충 지도를 눈에 익히고 나의 감을 따라 길을 걸었다.

직감대로 걸어서 도착한 안가라 강에서는 너무 추워 연기가 떠다니는 희귀한 풍경을 볼 수 있었다. 보고 싶었던 광경을 보고 나니 갑자기 추위가 몰려왔다. 나는 순간 반사적으로 고슴도치처럼 갑자기 땅에 앉아 몸을 웅크렸다. 그런데 나를 큰 비둘기로 착각했는지 비둘기들이 한두 마리씩 몰려들더니 어느새 20마리가 넘는 새들이 내 옆에 와서 몸을 웅크린 채 함께 있어줬다. 굉장히 이상한 감정이 들었는데, 비둘기들이 놀랄까봐 한참을 그 자리에 웅크리고 있었다. 시베리아를 겨울에 하루 종일 걸었더니 거짓말 1도 안 보태고 오늘 발가락, 손가락 동상 걸리는 줄 알았다. 걷다가 너무 추워서 카페만 세 번이나 들어가서 몸을 녹였다.

카잔 성당

이르쿠츠크에서 가장 방문해보고 싶었던 곳은 카잔 성당이다.
흰 눈이 성당에 소복이 쌓여 있어서인지 묘한 분위기를 한층 더 했다.
크리스마스에 카잔 성당 밖으로 나오는 노래를 들으니 러시아에 대해 더 알고 싶다는
생각이 들었다. 많은 사람들이 유럽이랑 러시아 비슷하다고들 했는데,
러시아는 분명히 러시아만의 특징이 따로 있다.

속소로 돌아가기 위해 지도에 표시된 곳에서 버스 정류장을 찾는데 보이지 않는다. 정보를 검색하려고 핸드폰을 봤더니 혹한으로 배터리가 방전되었다. 일단 주변에 있는 마트에 들어가 커피를 한 잔 시켜 손을 녹였다. 테이블에 앉아서 커피를 마시는데 한 아저씨가 다가와서 말을 걸었다.

"무슨 일 있니?"

나는 아저씨에게 자초지종을 설명했고, 아저씨는 차에 기름을 넣고 와서 숙소로 데려다준다고 15분만 이곳에서 기다리라고 했다. 러시아를 여행하며 한없이 친절한 사람들을 많이 만났다. 그런데 그와의 대화는 평범했지만 이상하다는 느낌이 들었다. 그 이상한 촉은 나를 한없이 불안하게 했고, 결국 나는 자리에서 일어나 트램 정류장을 향해 나섰다.

한국으로 향하는 거리가 좁혀질수록 나의 여행이 끝나간다는 안도감에 휩싸였다. 그럴수록 항상 더 조심해야 한다는 아빠의 말이 떠올랐다. 우리 아빠는 경찰 생활만 수십 년 해온 터라 항상 나에 대해 걱정이 많다.

'이렇게 귀한 딸이 세계로 나간다고 했을 때 어떤 심정이셨을까?'

여행이 길어질수록 나에 대한 걱정도 커졌지만 아빠는 늘 나에게 말했다.

"혜진아, 아빠는 네가 자랑스러워"

다른 어느 것보다 나 혼자 세계를 유랑할 때, 엄마와 아빠의 문장들이 나에게 항상 큰 용기를 줬고, 혼자인 나를 외롭지 않게 해줬다.

트램 정류장에 도착하자 안도감이 들었는지 갑자기 추위가 몰려들었다. 내가 벌벌 떨고 있자 주위에 있는 러시아 사람들이 다가와서 괜찮냐며 걱정해 주기 시작했다. 모스크바를 벗어날수록 나는 한없이 친절한 러시아 사람들을 많이 만났다. 러시아를 여행하기 전 '러시아' 하면 차가운 이미지였다. 그런데 내가 경험한 이 곳의 러시아 사람들은 시베리아처럼 차갑지 않다. 숙소 근처에서 내려 가장 먼저 보이는 레스토랑에 들어가 크리스마스 저녁 식사를 했다. 맛보다는 배부르게 먹었다는 포만감이 가장 기억에 남는다. 숙소에 들어와 따뜻한 물에 샤워를 하고, 나만의 따뜻한 공간에 들어가 침대에 누우니 올해의 크리스마스는 정말 평생 기억에 남을 것 같다는 생각이 들었다.

오늘 하루는 그 어떤 때보다 추웠고, 많이 걸었고, 오랜만에 핸드폰에 의지하지 않고 다닌 길들 때문인지 모험가가 된 느낌이 든다. 마음이 안정되어서인지 추위 때문에 아팠던 발톱과 손톱에 계속해서 통증이 온다. 동상에 걸린 걸까?

낡은 물건

여행을 하면서 내가 가장 좋아하는 여행자들의 모습 중 하나는 "헤진 옷과 가방"이다. 각자의 나라에서는 그 누구보다 깔끔하게 다니겠지만 여행자라는 신분으로 우리는 구멍 난 옷, 가방, 신발 등을 신경 쓰지 않는다. 유별나게도 나는 이 헤지고 구멍 난 것들이 왜 이렇게 좋은지 모르겠다. 내가 좋아하는 와인색 반팔 티셔츠. 나와 정말 오랜 시간을 함께 했고, 세계 일주하는 동안 나와 전 세계를 함께 누볐다. 여행이 끝나가다 보니 짐은 많은데 물건을 버리기 아쉽다.

콜롬비아를 떠나기 전 나는 결국 내 애정템 회색 민소매티를 버렸다. 사실 구멍이 너무 많이 나서 더 이상 입을 수 없었다. 이제 남은 속옷도 별로 없다. 속옷도 헤지고, 구멍이 난다는 것을 알게 되었다. 내가 이런 모습으로 다닌 것을 부모님이 아신다면 정말 놀랄 거다. 하지만 항상 나에게 하는 말처럼 "순간 순간 할 수 있는 건 다 즐겨"라고 하겠지.

항상 부족함 없이 자란 것 같아 너무나도 행복하고, 감사하다는 생각이 든다.

택시를 타고, 기차역에 가는데 아저씨가 짧은 영어로 여행에 대해 물어보셨다.

"모스크바 가니?"

"아니요. 다녀왔어요. 블라디보스톡 가서 한국 갑니다"

아저씨께서는 나에게 어느 나라를 여행했냐고 물어봤다. 하나하나 대답하며 내 여행 루트를 되새기는데 주책맞게 눈물이 났다.

너무 고마워서, 그리고 행복해서.

시베리아 횡단열차 마지막 날

Day 8

평소와 같이 11시에 일어나서 움직였다. 오늘은 시베리아 횡단열차 마지막 날
이니까 식당칸을 이용해보기로 했다. 가성비로 따지면 별로지만 색다른 경험
이라고 생각했다. 음식을 더 주문해서 먹을까 고민하다 내 자리로 돌아와서 감
자 퓌레를 먹었다. 그렇게 좋아하던 감자 퓌레도 이제 질려서 반도 못 먹겠다.
오늘은 며칠간 나와 함께 지낸 나스카 가족이 하바롭스크에서 내리는 날이다.
그들은 내리기 전에도 많은 음식을 챙겨 주셨다. 또 다른 이별이 슬프지만 나도
오늘 밤만 더 자고 나면 종착역이다.
하바롭스크에서는 1시간이나 정차해서 일본 친구와 나갔다 왔는데 추워서 빨
리 들어왔다. 일본 친구는 블라디보스톡에서 오사카까지 페리를 타고 간다고
했다. '나도 러시아에서 페리 타고 한국 갈까' 생각했으나 삼척에서 서울이 너
무 멀다.

기차 안, 식당칸에서
먹는 음식보다 정차역에서
잠깐 만날 수 있는
러시아 어머님들의
도시락을 더 맛있게 먹었다.
언제 만날 수 있는지 몰라서
다음에 또 보게된다면
음식을 많이 구매해야겠다.

도대체 시차가 몇 번 바뀐 건지

몇 번의 정차역을 지나는지
지구의 얼마만큼을 기차로 움직이는건지
기차에서 총 12개 도시락 라면 먹은 거는 실화인지

내 가슴 한편 버킷리스트이자 로망이었던 시베리아 횡단열차 결국 탔다. 시베리아 횡단열차 3등석은 도미토리 침대 70개 정도 있는 호스텔이라고 생각하면 될 것 같다. 근데 생각보다 진짜 훨씬 편하고, 남미 버스여행보다 훨씬 안전한 것 같다. 특히 누워서 편하게 잘 수 있어서 좋다.

무엇보다 이 곳은 마치, 러시아에 있는 다른 세계같다.

소름 돋는 날이었다. 여느 날처럼 호스텔 침대에 누워 핸드폰을 하고 있었다. 나의 세계여행 이야기를 기록하는 인스타그램 사진에 한 댓글이 많은 생각을 하게 만들었다.

'블라디보스톡에서는 한국의 정취를 찾아야 합니다.'

정말 이상하게도 갑자기 어릴 적 역사 시간에 배운 단어들과 이곳에서 스치면서 봤던 단어들이 조합되기 시작했다. 블라디보스톡은 생각보다 정말 매력적인 곳이다. 지리상 더 특별할 수 있지만 많은 독립운동가들이 활동을 했던 곳이기도 하고, '신한촌'이라는 근거지를 한인 거주지로 만들어 독립운동의 본거지

로 삼았던 곳이다. 이 기념비는 3.1운동 80주년을 기념하기 위해 세워진 신한촌 기념비. 기념비는 총 3개로 큰 기둥은 남한, 북한, 재외 동포를 의미하고, 뒤편에 작은 돌 8개는 조선 8도를 의미한다. 정말 황량한 작은 시골 마을에 있어서 직접 찾아가지 않으면 방문하기 힘들지만 시내에서 걸어갈 수 있는 거리이고, 구글에서 신한촌 기념비 치면 장소를 찾을 수 있다.

주택이 가득한 곳에 둘러싸인 기념비. 어린아이들이 리본에 적어 놓은 '대한독립만세, 감사합니다' 등의 메시지를 보니 마음이 찡해졌다. 다른 시대에 태어났기 때문에 다른 삶을 산다는 것이 이상하게 느껴졌다. 독립운동가들이 소중한 우리나라를 지켜 주신 것처럼, 우리도 더 소중하게 지켜나가야겠지.

한국행 티켓

블라디보스톡은 16개월의 세계여행 마지막 도시이자, 새해를 맞이한 곳이라 의미가 있는 곳이다. 이제 정말 갈 곳은 한국밖에 없는 곳. 한국 집으로 돌아가는 티켓만 구매하면 되는데, 블라디보스톡에서 하는 것도 없으면서 티켓을 구매하지 않았다.

집으로 돌아갈 날이 다가오자 엄마는 새로운 내 겨울 패딩을 구매했다고 사진을 보내왔다. 그리고 울리는 알림 메시지.

'30만 원이 입금되었습니다'

긴 시간 여행을 하며 때론 1000원 택시비를 아끼기 위해 무거운 가방을 메고 걷고, 또 걸었다. 엄마는 이런 나를 항상 안쓰러워했다. 나를 너무나도 잘 아는 엄마는 긴 여행의 마지막을 즐기라고 용돈을 보내준 것이었다. 나는 엄마가 준 용돈으로 매일 같이 블라디보스톡 맛집을 찾아다녔다. 그래서인지 블라디보스톡 하면 이제 맛집이라는 단어가 가장 기억에 남는다.

알혼섬 투어

기차 베스트 프랜드

러시아 엄마표 음식

너무 추운 러시아

대한독립만세

평범한 일상

선셋 포인트

나를 따르는 비둘기 친구들

안녕, 선셋

시베리아 기차 일상

무지개 닮은 놀이기구

도둑맞은 계란

귀여운 가게

시베리아 횡단열차 주식

북한 식당

열차 안에 차린 장난감가게

선물받은 초콜릿

맛집 탐방

세계일주 마지막 도시

러시아 인형

#에필로그

'처음 이 긴 여행을 시작했을 때와 나는 무엇이 달라졌을까?'

이 긴 여행을 끝내려고 하니 시원섭섭하면서, 나 자신에게 가장 묻고 싶은 질문이다. 나는 여행을 시작했던 16개월 이전의 나와 달라지지 않았다. 다만 사랑을 주고, 받는 것이 얼마나 중요한지 더 알게 되었고, 저마다의 '삶'이라는 세계를 존중해 줘야 한다는 것을 배우게 되었다.

약 16개월 동안 지구를 한 바퀴 돌며, 정말 많은 사람들에게 사랑을 받았다. 사람들이 각자 사랑을 표현하는 법은 다르지만 '사랑'이라는 단어는 확실히 이 세상에 존재한다.

어느 나라를 가든 나를 반가워해주는 사람들이 있다는 것은 정말 행운인 것 같다. 지금 나는 그 중에서도 나를 가장 많이 기다렸을 사람들이 있는 곳으로 가는 중이다. 나는 여행을 하며 나에게 있어서 소중한 것이 무엇인지 정확하게 아는 사람이 되었다. 그리고 이 소중한 순간은 내 평생 기억되겠지, 나는 이 아름다운 나의 청춘을 너무나도 사랑한다. 앞으로 살아가면서 더 많은 사람들에게 사랑을 나누며 베풀 수 있는 사람이 되었으면 좋겠다.

지구야_ 너를 만나_ 행복해

(올라혜진의 500일간 세계일주)

2022년 5월 2일   초판 인쇄
2022년 5월 10일   초판 발행

글 · 사진   올라혜진(본명 전혜진)

펴낸이   윤정섭
디자인   B&D현상옥
펴낸곳   도서출판 윤미디어

출판등록   1993. 9. 21(제5-383호)
주소   (우)02005 서울시 중랑구 중랑역로 224(묵동)
전화   02)972-1474
전화   02)979-7605
이메일   yunmedia93@naver.com

ⓒ 전혜진, 2022
ISBN 978-89-6409-120-3 03980

※ 이 책은 저작자의 지적 재산으로서 무단 전재와 복제를 금합니다.
※ 잘못된 책은 교환해 드립니다.